网络数据库系统开发技术应用

芦丽萍 编著

南开大学出版社
天 津

图书在版编目(CIP)数据

网络数据库系统开发技术应用 / 芦丽萍编著. —天津：南开大学出版社，2016.3
ISBN 978-7-310-05070-3

Ⅰ. ①网… Ⅱ. ①芦… Ⅲ. ①关系数据库系统—系统开发 Ⅳ. ①TP311.138

中国版本图书馆 CIP 数据核字(2016)第 033170 号

版权所有　侵权必究

南开大学出版社出版发行
出版人：孙克强
地址：天津市南开区卫津路 94 号　　邮政编码：300071
营销部电话：(022)23508339　23500755
营销部传真：(022)23508542　邮购部电话：(022)23502200

＊

唐山新苑印务有限公司印刷
全国各地新华书店经销

＊

2016 年 3 月第 1 版　　2016 年 3 月第 1 次印刷
260×185 毫米　16 开本　17 印张　396 千字
定价：34.00 元

如遇图书印装质量问题，请与本社营销部联系调换，电话：(022)23507125

前　言

ASP.NET 是目前最流行的 Web 开发工具之一。它为用户提供了完整的可视化开发环境，结合 SQL Server 数据库技术，快速开发网络数据库应用程序。从 ASP.NET 1.0 版本至 4.0 版本的发布过程中，微软推出了一系列新技术，如：站点导航、数据控件、主题与外观、Ajax 等技术，在一定程度上降低了开发难度。ASP.NET+SQL Server 作为网络数据库开发技术得到了越来越广泛的应用。

在教学及教学管理领域，网络数据库开发技术的应用需求呈现不断扩大趋势。如网络教学平台、资源共享课程、无纸考试系统、智能教务系统、论文管理系统，等等，这些系统的开发毫无疑问都应归属于网络数据库开发技术的应用。作为高校教育技术专业，是培养应用型人才的专业，其专业目标是培养教育信息化的建设者、管理者、研究者，培养能够在新技术教育领域从事教学资源、教学媒体和教学系统的设计、开发、运用、管理和评价等的高级专门人才。

本书以教育技术专业本科生为对象，网络数据库开发技术应用的单一功能模块和完整系统开发为主线，实际操作为手段，技术应用为目标。其特点是内容新颖、实用性强、案例完整。从简单应用入手，逐步提升难度，使读者从网络数据库开发技术应用的案例模块和完整系统设计的应用过程中，全面掌握网络数据库开发技术的应用。

全书分为基础篇和应用篇。其中基础篇包括 4 章，应用篇包括 7 章。基础篇的第 1 章和第 2 章主要介绍 C#语言的方法应用以及必要的面向对象的程序设计思想；第 3 章和第 4 章以实例介绍了如何使用 ASP.NET 进行 Windows 应用程序设计的方法以及 Windows 高级界面与多媒体程序的设计方法。应用篇的第 5 章到第 11 章，按照单一功能模块和完整系统应用开发为顺序，分别是：单用户登录模块、注册模块、信息查询模块、留言板模块、多用户登录模块、网上论坛模块、在线考试系统。本书所提供的案例简明易懂、上手快，每章后均附有实践活动，所有程序都在 Visual Studio 和 SQL Server 环境下调试通过。

本书可作为教育技术专业网络数据库开发技术应用的教科书，也可作为具有一定 Web 应用程序开发基础的读者参考。

本书由芦丽萍编写。由于网络数据库开发技术发展迅速、应用广泛，加之作者水平有限，书中错误和不足之处在所难免，敬请读者批评指正。

编者
2015 年 11 月

目 录

基础篇

第1章 C#程序中的方法 3
1.1 方法的概念 3
1.2 方法的定义 4
1.3 方法的调用 4
1.4 方法的参数传递 5
1.5 方法应用实例 8
1.6 实践活动 12

第2章 面向对象的程序设计 15
2.1 面向对象程序设计概述 15
2.2 命名空间 16
2.3 类和对象的声明 17
2.4 类的构造函数和析构函数 19
2.5 类的方法重载 24
2.6 this 关键 25
2.7 实践活动 26

第3章 Windows 应用程序设计 27
3.1 C#可视化编程 27
3.2 Windows 窗体 28
3.3 基本控件的使用 29
3.4 实践活动 42

第4章 Windows 高级界面与多媒体程序设计 43
4.1 Windows 高级界面设计 43
4.2 多媒体控件应用 57
4.3 实践活动 66

应用篇

第 5 章　单用户登录模块 69
5.1　系统开发工具和运行环境 69
5.2　模块实现目标 69
5.3　数据库设计 69
5.4　模块实现过程 70
5.5　本章小结 75
5.6　实践活动 76

第 6 章　注册模块 78
6.1　模块实现目标 78
6.2　数据库设计 78
6.3　模块实现过程 79
6.4　本章小结 88
6.5　实践活动 90

第 7 章　信息查询模块 92
7.1　模块实现目标 92
7.2　数据库设计 92
7.3　模块实现过程 94
7.4　本章小结 101
7.5　实践活动 109

第 8 章　留言板模块 110
8.1　模块功能 110
8.2　模块体系结构 110
8.3　数据库设计 113
8.4　数据访问层 114
8.5　业务逻辑层 117
8.6　页面显示层 118
8.7　模块关键技术 126
8.8　本章小结 127
8.9　实践活动 130

第 9 章　多用户登录模块 131
9.1　模块功能 131

9.2	模块体系结构	131
9.3	数据库设计	133
9.4	数据访问层	134
9.5	业务逻辑层	136
9.6	页面显示层	139
9.7	本章小结	143
9.8	实践活动	145

第 10 章 网上论坛模块 146

10.1	模块功能	146
10.2	模块体系结构	146
10.3	数据库设计	148
10.4	数据访问层	151
10.5	业务逻辑层	155
10.6	页面显示层	166
10.7	模块关键技术	190
10.8	本章小结	192
10.9	实践活动	194

第 11 章 在线考试系统 195

11.1	系统功能	195
11.2	系统体系结构	196
11.3	数据库设计	198
11.4	创建类文件	204
11.5	登录模块	207
11.6	学生模块	214
11.7	教师模块	227
11.8	管理员模块	244
11.9	系统关键技术	262
11.10	实践活动	263

基 础 篇

第 1 章　C#程序中的方法

1.1　方法的概念

1. 知识回顾

C 语言程序的基本结构是函数。函数可以被其他函数调用，函数可以嵌套调用，不可嵌套定义。函数定义的语法格式：

函数类型名　函数名(参量表)　　//函数首部
{
　　函数体；
}

例如：

```
long fac1(int n)
{
  int i;
  long p;
  for(p=1,i=2;i<=n;i++)
    p*=i;
  return p;
}
```

2. C#语言程序的方法

C#语言中的方法类似于 C 语言中的函数，可以作为一个功能模块出现在 C#程序中，完成某种特定的功能。

方法按来源分为用户自定义方法、系统方法；按有无参数分为无参方法和有参方法；按方法的调用关系分为主调方法和被调方法等。

3. C#语言源程序文件结构

C#语言的源程序文件是.cs 文件，其结构如下：

```
using System;              //引用系统命名空间
{
    class   类名 1
    {
        方法 1;
        ……
```

```
            static void Main( )      //Main()方法
            {
                ……//在此处添加代码
            }
            ……
            方法n;
        }
        ……
        class   类名n
        {   ……   }
}
```

1.2 方法的定义

方法在使用之前必须先定义。方法的定义是对方法功能的描述，要执行方法需要调用它。方法一般放在类中，一个类可以包含多个方法。方法定义的语法格式如下：

　方法修饰符　数据类型名　方法名([形参表])　　//方法头
{
　　方法体；
}

例如：

```
public class BaseClass
{
    public static SqlConnection DBCon()           //建立数据库连接
    {
        SqlConnection conn= new SqlConnection();
        conn.ConnectionString="server=.;database=db_ExamOnline;user.id=sa;pwd=123456";
        return conn;
    }
}
```

1.3 方法的调用

在C#中，调用方法有三种格式。

【格式1】方法名([实参表])

调用本类中定义的方法，即方法的调用和定义在同一个类中。例如：

display();　//直接调用本类中的方法

【格式2】对象名.方法名([实参表])

一般情况下是先定义一个类对象,再调用该类的方法。例如:

SqlConnection conn= new SqlConnection();   //定义 SqlConnection 类对象 conn
conn.ConnectionString ="server=.;database=db_ExamOnline;user id=sa;pwd=123456";
                                                                                //创建连接
conn.Open();   //调用 conn 对象的 Open()方法

【格式3】类名.方法名([实参表])

调用类的静态方法。例如:

SqlConnection conn = BaseClass.DBCon();   //调用类的 DBCon()方法,是 static 方法

1.4 方法的参数传递

参数传递是指实参把数据传给形参的方式。C#中方法的参数传递可分为值传递、引用传递、输出参数和参数数组。

1.4.1 值传递

实参值传给形参,是单向传递。形参接收了实参的值后与实参不再有任何关系。在方法中对形参的修改不会影响到对应的实参。

【例1-1】用"值传递"传递参数。在方法中交换形参变量的值,不影响实参值。代码如下:

```
using System;
class Program
{
    static void exch(int a,int b)
    {
        int t;
        t=a;a=b;b=t;
    }
    static void Main()
    {
        int x,y;
        Console.WriteLine("请输入 x 和 y 的值:");
        x=Convert.ToInt32(Console.ReadLine());
        y=Convert.ToInt32(Console.ReadLine());
        exch(x,y);    //调用本类方法
        Console.WriteLine("x={0},y={1}",x,y);
    }
}
```

程序运行结果如图 1-1 所示。

图 1-1 【例 1-1】运行结果

1.4.2 引用传递

使用引用方式传递数据，主调方法赋予被调用方法的权利是直接访问主调方法中的数据，并且可修改主调方法中的数据，是双向传递。调用方法时，在实参前面和形参的数据类型前面加上关键字 ref。

优点：避免了对大型数据的复制（例如对象）。

缺点：削弱了数据的安全性。

【例 1-2】用"引用传递"传递参数。代码如下：

```
using System;
class Program
{
    static void UseRef(ref int i)
    {
        i+=100;
        Console.WriteLine("i = {0}", i);
    }
    static void Main()
    {
        int i = 10;
        Console.WriteLine("Before the method calling: i = {0}", i);
        UseRef(ref i);
        Console.WriteLine("After the method calling: i = {0}", i);
        Console.Read();
    }
}
```

程序运行结果如图 1-2 所示。

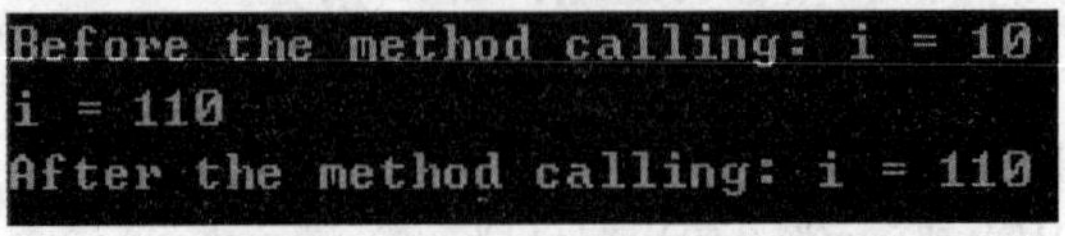

图 1-2 【例 1-2】运行结果

1.4.3 输出参数

若将引用传递中的关键字 ref 用 out 替换，则参数传递就为输出参数。输出参数通常用来指定由被调用方法对参数进行初始化。通常在方法中接收到了一个未初始化的数值时，编译器会产生错误，但使用带关键字 out 的参数，指定了被调用方法将对变量进行初始化，该错误将不会发生。

【例 1-3】用"输出参数"传递参数。代码如下：

```
using System;
class Program
{
    static void UseRef(out int i)
    {
        i = 100;
        Console.WriteLine("i = {0}", i);
    }
    static void Main()
    {
        int i ;                              //i 未赋初值，但系统不会报错
        UseRef(out i);
        Console.WriteLine("After the method calling: i = {0}", i);
        Console.Read();
    }
}
```

程序运行结果如图 1-3 所示。

```
i = 100
After the method calling: i = 100
```

图 1-3 【例 1-3】运行结果

1.4.4 参数数组

使用关键字 params。若参数数目可变，则采用参数数组方法传递参数。调用方法时，在形参前面加上关键字 params。

【例 1-4】用"参数数组"传递参数。代码如下：

```
using System;
class Program
{
    static void UseParams(params object[] list)
```

```
        {
            for (int i = 0; i < list.Length; i++)
            {
                Console.WriteLine(list[i]);
            }
        }
        static void Main()
        {
            object[] arr = new object[3] { 100, 'a', "keywords" };
            UseParams(arr);           //3 个参数
            UseParams(200);           //1 个参数
            Console.Read();
        }
    }
```

程序运行结果如图 1-4 所示。

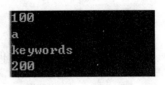

图 1-4 【例 1-4】运行结果

1.5 方法应用实例

1.5.1 Web 项目

在 Microsoft Visual Studio 中，可以通过新建项目和新建网站来创建 Web 项目。Web 项目是指在服务器上运行的项目，页面是通过运行服务器上的程序所得到的结果。常见的 Web 项目按计算机语言分，有 Java、ASP.NET、PHP 等项目。新建项目主要可以创建控制台应用程序和 Windows 应用程序。

新建 Web 网站与新建项目的区别参见本章后面的学习资料。

1.5.2 创建控制台应用程序实例

【例 1-5】创建一个项目，项目名称 ASimpleProject。在 Program.cs 中编写方法 static long fun(int n){　}，用 Main()方法调用 fun()，输出从 n 个数据中取出 m 个数共有几种方法。

操作步骤：

（1）创建新项目

启动 Microsoft Visual Studio，执行"文件"→"新建"→"项目"，选择项目位置 Projects，

输入项目名称 ASimpleProject。项目类型选择"Visual C#",模板选"控制台应用程序",如图 1-5 所示。

图 1-5　新建项目 ASimpleProject

(2) 在 Program.cs 中添加如下代码:

```csharp
class Program
    {
        static long fun(int n)
        {
            int p = 1;
            for(int i=2;i<=n;i++)
              p*=i;
            return p;
        }
        static void Main()
        {
            string str1,str2;
            Console.WriteLine("请输入 n 的值:");
            str1 = Console.ReadLine();
            Console.WriteLine("请输入 m 的值:");
            str2 = Console.ReadLine();
            int n = Convert.ToInt32(str1);
            int m = Convert.ToInt32(str2);
            long p=fun(n)/fun(m)/fun(n-m);
            Console.WriteLine("p={0}", p);
            Console.ReadLine();
        }
    }
```

(3) 运行程序,如图 1-6 所示。

图1-6 【例1-5】运行结果

注释：

1. 如何显示代码行号？"工具"→"选项"→"文本编辑器"→C#（行号复选框）。
2. Response.Write 与 Console.Write 有什么区别？

Response 是 ASP.NET 内置对象，是在浏览器上输出信息；Console.Write 则只能在控制台（黑屏幕）输出。

3. 打开该项目文件时，选择"ASimpleProject.sln"解决方案文件，执行"打开"。
4. 项目文件夹中的所有文件都不要删除。

1.5.3 创建 Windows 应用程序实例

【例1-6】 创建一个项目，项目名称 BSimpleProject。在 Program.cs 中编写一个给杨辉三角赋值的方法 void fun (int n){ }，用 Main()方法调用 fun()，其中参数 n 接收杨辉三角的显示行数。

操作步骤：

（1）创建新项目

启动 Microsoft Visual Studio，执行"文件"→"新建"→"项目"，选择项目位置 Projects，输入项目名称 BSimpleProject。项目类型选择"Visual C#"，模板选"Windows 应用程序"，如图1-7所示。

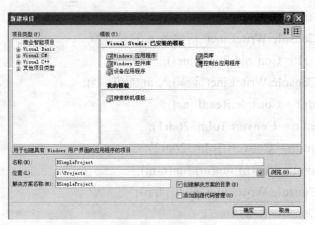

图1-7 新建项目 BSimpleProject

（2）设计窗体界面

选择 Form1.cs 设计视图，进行窗体布局如图1-8所示。

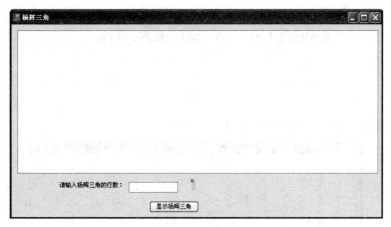

图 1-8 Form1 窗体布局

（3）编写 static void fun (int n){ }方法

功能：给杨辉三角赋值。代码如下：

```
int i, j;
int[,] arr = new int[100, 100];
void fun(int n)
{
    for (int i = 0; i < n; i++)
        arr[i, i] = arr[i, 0] = 1;
    for (i = 2; i < n; i++)
        for (j = 1; j <= i - 1; j++)
            arr[i, j] = arr[i - 1, j - 1] + arr[i - 1, j];
}
```

（4）编写"显示杨辉三角"按钮单击事件

功能：调用 fun()方法，在 TextBox 控件中显示杨辉三角。代码如下：

```
private void button1_Click(object sender, EventArgs e)
{
    textBox2.Text = "";
    int n = Convert.ToInt32(textBox1.Text.ToString());
    if (n > 17)
        label2.Text = "输入的行数不能超过 17！";
    else
    {
        fun(n);
        for (i = 0; i < n; i++)
        {
            for (j = 0; j <= i; j++)
```

```
                    textBox2.Text +=arr[i, j].ToString().PadLeft (7,' ');
                    textBox2.Text += Environment.NewLine;
                }
            }
        }
```

（5）运行程序，如图 1-9 所示和图 1-10 所示。

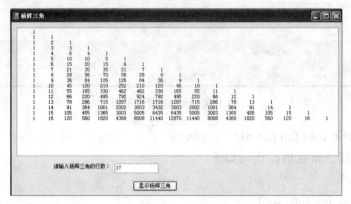

图 1-9　【例 1-6】运行结果（1）

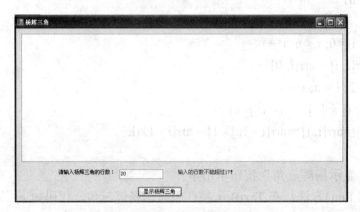

图 1-10　【例 1-6】运行结果（2）

1.6　实践活动

1. 编写一个项目，项目名称 CSimpleProject，模板选择控制台应用程序。在 Program.cs 中编写一个方法，结构如下所示：

```
int digit(int n,int k)
{
    ……
}
```

该方法的功能是取出正整数 n 从右边数的第 k 位数。用 Main（）方法调用 digit()，输出如下面形式的信息：digit(1234,2)=3。

2. 编写一个项目，项目名称 DSimpleProject，模板选择 Windows 应用程序。编写一个校园演讲比赛评分程序。评分原则：去掉一个最高分，去掉一个最低分，剩下的分数取平均分。编写一个方法，接收传来的每个评委所打的分数和评委人数，返回最后得分。窗体设计界面如图 1-11 所示。

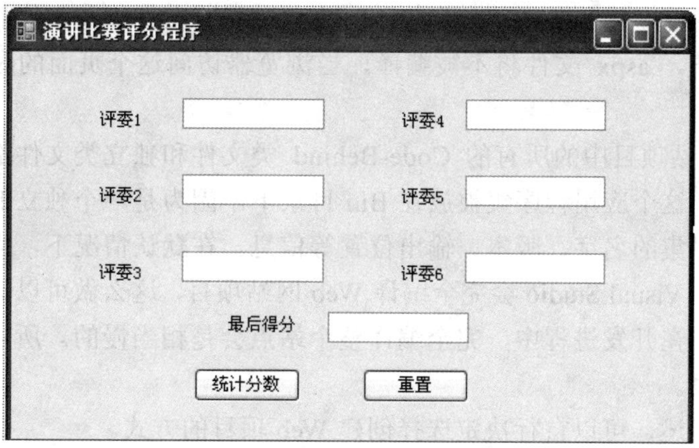

图 1-11 活动 2 窗体布局

学习资料

新建 Web 网站与新建项目的区别

—— 摘自《ASP.NET 4 权威指南》

在 Visual Studio 2010 中，除了可以使用创建 Web 应用程序的方式来构建自己的 Web 项目之外，还可以通过创建 Web 网站的方式来构建 Web 项目。

其中，Web 网站的创建方法：打开 Visual Studio 2010 主窗体，在工具栏里选择"New"|"Web Site"命令，在弹出的 New Web Site 窗体里可以通过"ASP.NET Web Site"和"Empty Web Site"这两种模板来创建自己的 Web 网站。

其实，微软早在 Visual Studio 2005 的时候就提供了新建 Web 网站的功能，它是完全面向 Web 开发的。与 Web 应用程序相比，它们存在如下不同之处：

1. 从整体结构来看

Web 应用程序和一般的 Winform 程序没有什么区别，它们都是按项目进行管理的，只有被项目文件所引用的文件才会在 Solution Explorer 中出现，而且只有这些文件才会被编译。可以很容易地把一个 ASP.NET 应用拆分成多个 Visual Studio 项目，也可以很容易地从项目和源代码管理中排除一个文件。而项目的文件都是按照命名空间来管理的，Web 应用程序可以非常方便地引用其他的类库，并且自己本身也可以作为类库被引用，非常适合于项目分模板进行开发。因此，有人认为 Web 应用程序可能是微软为了让程序员很好地从 Winform 过渡到 Web 开发而保留了。

与 Web 应用程序相比，Web 网站采用了全新的开发结构，一个目录结构就是一个 Web 项目，这个目录下的所有文件，都作为项目的一部分而存在。它抛弃了命名空间的概念，并且 Web 网站不可以作为类库被引用。

2. 从编译部署看

调试或者运行 Web 应用程序页面的时候，必须全部编译整个 Web 项目。编译整个 Web 项目通常比较快，因为 Visual Studio 使用了增量编译模式，仅仅只有文件被修改后，这部分才会被增量编译进去。因为所有的类文件被编译成一个应用程序集，当你部署的时候，只需要把这个应用程序集和 .aspx 文件、.ascx 文件、配置文件以及其他静态内容文件一起部署。这种模型下，.aspx 文件将不被编译，当浏览器访问这个页面的时候，才会被动态编译。

而在 Web 网站项目中的所有的 Code-Behind 类文件和独立类文件都被编译成一个独立的应用程序集，这个应用程序集被放在 Bin 目录下。因为是一个独立的应用程序集，你能够指定应用程序集的名字、版本、输出位置等信息。在默认情况下，当你运行或调试任何 Web 页的时候，Visual Studio 会完全编译 Web 网站项目，这么做可以让你看到编译时的所有错误。但是，在开发进程中，完全编译整个站点会是相当慢的。所以推荐你在开发调试中只编译当前页。

根据上面的阐述，可以自行决定选择创建 Web 项目的方式。

如果在开发上有如下需求，建议使用创建 Web 应用程序的方式来构建自己的 Web 项目：

● 希望采用项目的管理方式，需要使用多个项目来构建一个 Web 应用，即把一个大的 ASP.NET 项目拆分成多个小项目。

● 在开发上 Web 页面或者 Web 用户控件中需要使用到单独的类，并且希望使用命名空间来进行管理，编译后要控制应用程序集的名字。

如果在开发上有下列需求，建议使用创建 Web 网站的方式来构建自己的 Web 项目：

● 喜欢使用 Single-Page Code 模型来开发网站页面，而不是使用 Code-Behind 模型来编写网站页面。

● 在编写页面时，为了可以快速地看到编写效果，动态编译该页面，马上可以看到效果，不用编译整个站点。

● 需要每个页面产生一个应用程序集。

● 希望把一个目录当做一个 Web 应用来处理，而不需要新建一个项目文件。

第 2 章　面向对象的程序设计

2.1　面向对象程序设计概述

2.1.1　基本概念

1. 面向过程的程序设计

随着高级语言的出现，面向过程的程序设计方法应运而生。面向过程的程序设计是结构化程序设计。结构化程序设计是一种自顶向下、逐步细化的过程，它把大的任务划分成许多功能模块，每个功能模块再划分为更小的模块……直到每个小模块可以由函数或者方法来实现。每个函数或方法都是基于某种特定的算法完成特定的功能。

2. 面向过程的程序设计存在的弊端

随着程序设计规模的扩大和开发周期的延长，面向过程的程序设计出现了很多弊端，如软件开发前的工作难以预测、开发后的成本呈指数级增长、软件代码的重用性差等等。为了解决这些弊端，出现了面向对象的程序设计。

3. 面向对象的程序设计

面向对象的程序设计（Object-Oriented Programming，OOP）提出了一系列全新的概念，主要有类、对象、属性、方法、事件、封装、继承、重载、多态性等。它将对象作为程序的基本单元，将程序和数据封装其中，以提高软件的重用性、灵活性和扩展性。

2.1.2　基本术语

1. 类和对象

具有相同或相似性质的对象的抽象就是类，而任何一个具体的事物都可以看成一个对象。在指定一个类后，往往把属于这个类的对象称为类的实例。可以把类看成是对象的模板，把对象看成是类的实例。类与对象的关系类似于语言中的 int 类型与 int 类型变量的关系。

2. 属性

属性是对现实世界中实体特征的抽象，它提供了一种对类或对象特性进行访问的机制。例如，一个控件的显示文本、一张网页的标题、一个文件的大小等都可作为属性。属性所描述的是状态信息，在类的某个实例中，属性的值表示该对象相应的状态值。

3. 方法

方法用来描述类或对象的动态特征，是类或对象能够执行的操作。在类中定义的静态方法可以被类直接调用，非静态方法由类的实例即类对象调用。

4. 事件

事件是用户或系统的动作所引发的事情。要使某个对象实现某种操作,需要向它传达消息。凡是具备属性和方法这两个要素的都可以作为对象。对象之间是通过事件互相联系的。例如,可以通过按钮的单击事件执行某些操作。

5. 封装与信息隐蔽

封装是将有关的数据和操作代码封装在一个对象中,形成一个基本单位,各个对象之间相对独立,互不干扰。信息隐蔽是将对象中某些部分对外隐藏,即隐藏其内部细节,只留下少量接口,以便与外界联系,接收外界的消息。信息隐蔽有利于数据安全。

6. 抽象

抽象的过程是将有关事物的共性归纳、集中的过程。其作用是表示同一类事物的本质。类是对象的抽象,而对象则是类的特例。

7. 继承与软件重用

继承是在一个已存在的类的基础上建立一个新类,已经存在的类称为基类或父类,新建立的类称为派生类或子类。派生类继承基类的属性和方法,利用继承可以简化程序设计步骤。在设计系统时,使用已有软件的一部分称为软件重用。

8. 方法重载

方法重载是指方法名相同,参数的个数或类型可以不同。使用方法重载可以使功能相似的程序段使用相同的方法名,灵活方便。

9. 多态

多态是指同样的消息,不同的反应。由继承而产生的相关的不同的类,其对象对同一消息会做出不同的响应。多态能增加程序的灵活性。

2.2 命名空间

2.2.1 命名空间的概念

命名空间(namespace)是组织类的一种机制,可以将命名空间看成一组逻辑上有联系的类。通过命名空间可以将系统中的大量类有序地组织起来,使得类更容易被使用和管理。

2.2.2 命名空间的使用

.NET 框架提供了类库,它包含很多类,每个类都有它的属性和方法,为程序设计者所使用。使用类时,要引用命名空间。否则,系统找不到相应的类,也就无从使用。

1. 使用 using 关键字引用命名空间

用 using 引用命名空间后,就可以使用该命名空间中所包含的类的属性和方法。
例如:

```
using System.Data.SqlClient;
SqlConnection conn= new SqlConnection();
conn.ConnectionString ="server=.;database=db_ExamOnline;user id=sa;pwd=123456";
```

2. 直接定位命名空间

若没有引用命名空间，在使用类的属性和方法时，必须指明其所在的空间名。
例如：
System.Console.WriteLine("Hello World!");

3. 用户自定义命名空间

使用 Microsoft Visual Studio 开发应用程序时，可以定义自己的命名空间，语法格式：
namespace　空间名
{
　　public class 类名 1
　　　{
　　　　……
　　　}
　　……
　　public class 类名 n
　　　{
　　　　……
　　　}
}

2.3　类和对象的声明

系统提供的类可以直接使用，而用户自定义的类，则需要先声明类，再根据类声明对象。

2.3.1　类的声明

1. 类的声明
语法格式为：
[类修饰符] class　类名　[:基类类名]
{
　　[修饰符] 变量;
　　[修饰符] 属性;
　　[修饰符] 方法;
}
注释：
类修饰符按访问权限可分为以下几种：
public：公有类，表示外界可以不受限制地访问该类。
private：私有类，一般该类定义在另一个类中，在定义它的类中才能访问它。
protected：保护类，表示该类内部和继承类中可以访问。
internal：内部类，在同一个.cs 文件内、同一命名空间内可以访问类，默认类修饰符。

abstract：抽象类，说明该类是一个不完整的类，只有声明而没有具体的实现。这样的类一般只能用来做其他类的基类，而不能单独使用。

sealed：密封类，说明该类不能做其他类的基类，不能派生新类。

类的声明示例：

```
public class BaseClass
{
    public static SqlConnection DBCon()     //用于建立数据库连接的方法
    {
        return new SqlConnection("server=.;database=db_ExamOnline;uid=sa;pwd=123456");
    }
    ……
}
```

2. 类的成员声明

（1）类的成员可分为变量、属性和方法。

（2）类成员的可访问性

public（公有成员）、private（私有成员，默认）、protected（保护成员）、internal（内部成员）、static（静态成员，属于类所有）、非静态成员（不加 static 修饰符，属于类的实例对象所有）。

类的声明示例：

```
public class User
{
    private string loginName;    //用户登录名
    private string userName;     //用户姓名
    ……
    public string LoginName      //LoginName 属性设置
    {
        set
        {
            this.loginName = value;
        }
        get
        {
            return this.loginName;
        }
    }
    ……
    public static bool UserExist(String loginName)      //静态方法
    {
```

```
            Database db=new Database();
            string sql="";
            sql="Select * from [User] where [LoginName]='"+loginName+"'";
            DataRow row=db.GetDataRow(sql);
            if (row!=null)
                return true;
            else
                return false;
        }
        public void Add(Hashtable userInfo)        //非静态方法
        {
            Database db = new Database();
            db.Insert("[User]", userInfo);
        }
    }
```

2.3.2 对象的声明

对象的声明语法格式为：

类名　对象名=new 类名([参数]);

注释：new 关键字实际上是调用构造函数来完成实例的初始化工作。如果有参数，则将参数传递给构造函数。

声明对象也可以分为两步：先定义实例变量，再用 new 创建实例。格式如下：

类名　对象名;

对象名=new 类名([参数]);

例如：

SqlConnection conn= new SqlConnection();

或

SqlConnection conn;
conn=SqlConnection();

2.4　类的构造函数和析构函数

2.4.1　构造函数

1．声明构造函数

构造函数是类中的一种特殊方法，在类的声明中是可选项。声明构造函数的语法格式：

类型修饰符　构造函数名([参量表])

{ 函数体 }

不带参数的构造函数为默认构造函数。

2．构造函数的特点

（1）构造函数的名称必须与类名称相同。
（2）构造函数可以重载。
（3）函数没有返回值和返回类型。
（4）构造函数可以带有参数。

3．构造函数的作用

（1）初始化类对象的成员值，可通过调用构造函数给变量赋值。
（2）当使用 new 关键字创建对象时，系统会自动调用该类的构造函数以初始化对象。
（3）在一个类中，可以创建多个构造函数。
（4）不同的构造函数是由参数及其类型的不同加以区分的。

【例 2-1】通过调用构造函数给变量赋值。

```
using System;
class MyClass1
{
private double x,p=1;      // private 型的变量只能在本类中使用
    private int n;
    public MyClass1(double y,int m)       //声明构造函数
    {
        x=y;
        n=m;
    }
    public double func1()
    {
for(int i=1;i<=this.n;i++)
            this.p*=this.x;
        return p;
    }
}
class MyClass2
{
public static void Main()
    {
        MyClass1 a=new MyClass1(1.5,3);
                //建立 MyClass1 类的对象 a，并初始化 a 中的字段 x 和 n
        double z=a.func1();
        Console.WriteLine("z="+z);
    }
```

}

运行结果如图 2-1 所示。

图 2-1 【例 2-1】运行结果

【例 2-2】调用类中不同的构造函数。

```
using System;
public class men
{
private string name="Mary";        //private 型的变量只能在本类中使用
    private string sex="女";
    private int age=25;
    private double score=99.5;
    public men()                    //建立第一个构造函数
    {
        name="张三";
        sex="男";
    }
    public men(string name1,string sex1)        //建立第二个构造函数
    {
        name=name1;
        sex=sex1;
    }
    public men(int age1,double score1)          //建立第三个构造函数
    {
        age=age1;
        score=score1;
    }
    public string OutString()
    {
        return "name="+name+"\n"+"sex="+sex+"\n"+"age="+age+"\n"+"score="+score;
    }
}
```

```
class MyStructor
{
public static void Main()
    {
        men m1=new men();
        Console.WriteLine("调用第一个构造函数:\n"+m1.OutString());
        men m2=new men("李四","女");
        Console.WriteLine("调用第二个构造函数:\n"+m2.OutString());
        men m3=new men(18,85.5);
        Console.WriteLine("调用第三个构造函数:\n"+m3.OutString());
    }
}
```

运行结果如图 2-2 所示。

图 2-2 【例 2-2】运行结果

2.4.2 析构函数

析构函数用来删除类的对象实体。当类对象从内存中删除时,会自动调用析构函数,完成资源的释放与清理工作。析构函数的名称是由符号"~"和类名称构成。例如:若类名称为"myClass",析构函数的名称应为"~myClass"。声明析构函数的语法格式如下:

```
class myClass
{
public ~myClass(int x,int y)
    {
        //do something;
    }
```

}

一个类只能定义一个析构函数，析构函数不能被继承、重载，不能有访问修饰符和参数。析构函数只能被垃圾收集程序调用并删除本对象，至于何时被垃圾收集程序调用删除，那是操作系统的事。

【例 2-3】析构函数的声明与应用。

```
using System;
class FirstClass
{
    ~FirstClass()
    {
        Console.WriteLine("FirstClass 析构函数");
    }
}
class SecondClass:FirstClass
{
    ~SecondClass()
    {
        Console.WriteLine("SecondClass 析构函数");
    }
}
class ThirdClass:SecondClass
{
    ~ThirdClass()
    {
        Console.WriteLine("ThirdClass 析构函数");
    }
}
public class Destructor
{
    public static void Main()
    {
        ThirdClass thirdClass=new ThirdClass();
    }
}
```

以上程序包含 4 个类，主函数 Main()创建了 ThirdClass 对象，ThirdClass 类继承 SecondClass，SecondClass 又继承了 FirstClass 类，每一个类都有一个析构函数，从 ThirdClass 一直往回解构，直到 FirstClass。

程序运行结果，如图 2-3 所示。

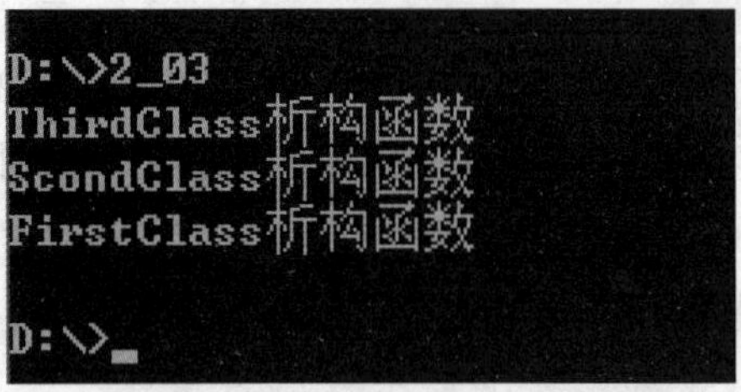

图 2-3 【例 2-3】运行结果

2.5 类的方法重载

2.5.1 什么是方法重载

在 C#中，数据和操作均封装在类中，数据是以成员变量的形式出现，而操作主要体现在方法的使用上。在一个类中，每个方法的存在应该是唯一的。一个类中存在两个以上的方法，它们的名字必须相同，参数类型或者参数个数不同，返回值类型可以不同。系统会根据实参的不同调用相应的方法，这就是方法重载。方法重载是指一个方法名有多种不同的实现方法。

2.5.2 方法重载的作用

当执行的这个方法要达到同一目的的不同情况不同要求时，使用方法重载。例如在某些时候需要参数类型不同或个数不同，而实现的功能又是相似的就使用方法重载。

方法重载使对象结构清晰，免去为每一个方法的不同情况各写一个方法，减少代码的重复书写。

【例 2-4】方法重载示例。

```
using System;
class Testclass
{
    public double area(double r)
    {
        return Math.PI*r*r;
    }
    public double area(double a,double b)
    {
        return a*b;
    }
    public double area(double a,double b,double c)
    {
```

```
        double l,s;
        l=(a+b+c)/2;
        s=Math.Sqrt(l*(l-a)*(l-b)*(l-c));
        return s;
    }
}
class Program
{
    public static void Main()
    {
    Testclass shape=new Testclass();
    Console.WriteLine("r={0},Area={1}",3.0,Math.Round(shape.area(3.0),2));
    Console.WriteLine("a={0},b={1},Area={2}",3.0,4.0,shape.area(3.0,4.0));
    Console.WriteLine("a={0},b={1},c={2},Area={3}",3.0,4.0,5.0,shape.area(3.0,4.0,5.0));
    }
}
```

程序运行结果，如图 2-4 所示。

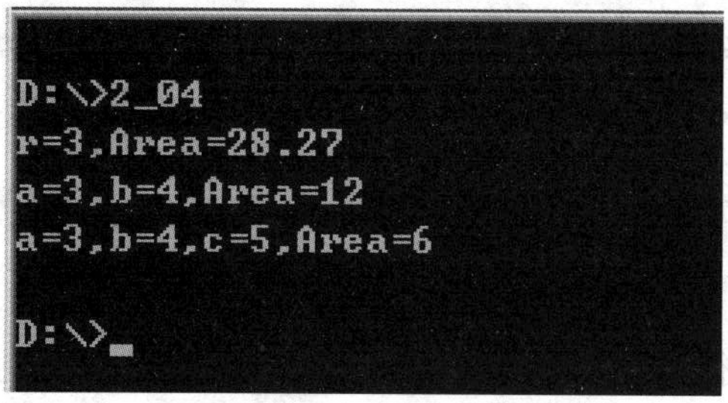

```
D:\>2_04
r=3,Area=28.27
a=3,b=4,Area=12
a=3,b=4,c=5,Area=6

D:\>
```

图 2-4 【例 2-4】运行结果

2.6 this 关键字

this 关键字用来引领类的当前实例，成员通过 this 关键字可以知道自己属于哪一个实例。this 只能用在类构造函数、类的实例方法中。在静态方法中引用 this 是错误的。

例如：创建构造函数，this 后面的成员属于调用构造函数时所创建的对象。

```
public men(string name, string sex,int age)        //构造函数
{
        this.name=name;
this.sex=sex;
this.age=age;
}
```

2.7 实践活动

一、选择

1. 调用重载方法时，系统根据（　　）来选择具体的方法。
   A.方法名　　　　　　　　　　　　B.参数的个数和类型
   C.参数名及参数个数　　　　　　　D.方法的返回值类型

2. 下列的（　　）不是构造函数的特征。
   A.构造函数的函数名与类名相同　　B.构造函数可以重载
   C.构造函数可以带有参数　　　　　D.可以指定构造函数的返回值类型

3. 类 ClassA 有一个名为 M1 的方法，在程序中有如下一段代码，假设该段代码是可以执行的，则声明 M1 方法时一定使用了（　　）修饰符。
   ClassA Aobj=new classA();
   ClassA.M1();
   A.public　　　　B.static　　　　C.private　　　　D.virtual

4. 已知类 B 是由类 A 继承而来，类 A 中有一个名为 M 的非虚方法，现在希望在类 B 中也定义一个名为 M 的方法，若希望编译时不出现警告信息，则在类 B 中声明该方法时，应使用（　　）关键字。
   A.static　　　　B.new　　　　C.override　　　　D.virtual

二、填空

1. 在类的成员声明时，若使用了_____修饰符则该成员只能在该类或其派生类中使用。

2. 类的静态成员属于_____所有，非静态成员属于类的实例所有。

3. 已知某类的类名为 Class，则该类的析构函数名为_____。

4. C#方法的参数有四种，分别是：值参数（对应值传递）、引用参数（对应地址传递）、输出参数和参数数组，在形参中声明参数数值时应使用_____关键字。

5. 要给属性对应的数据成员赋值，通常要使用 set 访问器，set 访问器始终使用_____来设置属性的值。

6. 在 C#中有两种动态性：编译时的多态性和运行时的多态性。编译时的多态性是通过_____实现的，运行时的多态性是通过继承和_____来实现的。

7. 在声明类时，在类名前使用_____修饰符,则声明的类只能作为其他类的基类，不能被实例化。

第 3 章 Windows 应用程序设计

3.1 C#可视化编程

3.1.1 什么是 Windows 应用程序

Windows 应用程序是运行在 Windows 操作系统中的单机程序或 C/S 结构的客户端程序。如扩展名为.exe、.com 等文件。

3.1.2 Windows 编程接口和类库

操作系统为了方便应用程序设计,一般都要提供一个函数库,设计应用程序的一些公用代码都包含在这个库中。程序员可以调用库中函数,以简化编程。

.NET Framework 是编制 Windows 应用程序、Web 应用程序和 Web 服务的基础类库。它是一个统一的、面向对象的、层次化的、可扩展的类库,统一了微软当前各种不同框架和开发模式,无论开发 Windows 应用程序,还是开发 Web 应用程序,都采用相同的组件名称,组建具有类似的属性、方法和事件,开发模式也相似。该类库支持控件可视化编程。.NET Framework,消除了各种语言开发模式的差别。

3.1.3 可视化程序设计模型

1. 什么是可视化编程

可视化编程,亦即可视化程序设计。以"所见即所得"的编程思想为原则,力图实现编程工作的可视化,即随时可以看到结果,程序与结果的调整同步。

可视化编程是与传统的编程方式相比而言的,这里的"可视",指的是无需编程,仅通过直观的操作方式即可完成界面的设计工作,是目前最好的 Windows 应用程序开发工具。

2. 可视化编程的特点

可视化编程语言的特点主要表现在两个方面:

(1)基于面向对象的思想,引入了类的概念和事件驱动。

(2)基于面向过程的思想,程序开发过程一般遵循以下步骤:即先进行界面的绘制工作,再基于事件编写程序代码,以响应鼠标、键盘的各种动作。

3. 可视化程序设计模型

用 Microsoft Visual Studio 设计可视化程序,是事件驱动的程序设计,其基本的程序设计模型,如图 3-1 所示。

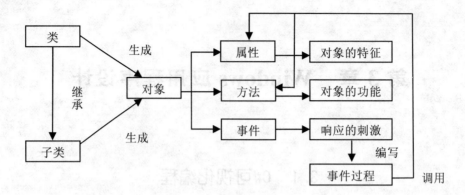

图 3-1 可视化程序设计模型

3.1.4 用 Microsoft Visual Studio 开发 Windows 应用程序过程

1. 新建项目，选择 Windows 应用程序模板，出现空白窗体。
2. 利用工具箱中的【所有 Windows 窗体】中的控件进行窗体布局。
3. 设置窗体和控件的属性。
4. 编写事件代码，在代码中可改变控件的属性，调用对象的方法实现某些功能。

3.2 Windows 窗体

窗体（Form）就是 Windows 的窗口，Microsoft Visual Studio 的 Windows 是以窗体为基础的。本节将介绍窗体的一些属性、方法和事件。

3.2.1 窗体属性

窗体常用属性如表 3-1 所示。

表3-1 窗体的常用属性

序号	属性名	说明
1	Name	用来获取或设置窗体的名称，在应用程序中可通过该属性引用窗体
2	WindowState	用来设置或获取窗体的窗口状态。值：Normal、Minimized、Maximized
3	StartPosition	用来获取或设置运行时窗体的起始位置。常用的值：CenterScreen
4	Cursor	用来设置鼠标移到窗体上时显示的鼠标光标
5	Text	用来设置或返回在窗体标题栏中显示的文字
6	Size	设置窗体大小，设置形式：Width,Height。默认值：300,300
7	BackColor	用来设置或获取窗体的背景色
8	Opacity	用来设置或获取窗体的不透明度
9	BackgroundImage	用来设置或获取窗体的背景图像
10	Enabled	指定窗体上的控件是否响应用户交互，默认值为 True
11	ForeColor	用来设置或获取窗体控件的前景色

3.2.2 窗体方法

窗体常用方法如表 3-2 所示。

表3-2 窗体的常用方法

序号	方法名	调用格式	功能
1	Show	this.Show();	让窗体显示出来
2	Hide	this.Hide();	把窗体隐藏起来
3	Refresh	this.Refresh();	刷新窗体
4	Activate	this.Activate ();	激活窗体
5	Close	this.Close();	关闭窗体
6	ShowDialog	this.ShowDialog();	将窗体显示为模式对话框

3.2.3 窗体事件

窗体常用事件如表 3-3 所示。

表3-3 窗体的常用事件

序号	事件名	功能
1	Load	当窗体加载到内存时发生
2	Shown	当窗体第一次显示时发生
3	Activated	在窗体激活时发生
4	Deactivate	在窗体失去焦点成为不活动窗体时发生
5	Resize	在改变窗体大小时发生
6	Paint	在重绘窗体时发生
7	Click	在用户单击窗体时发生
8	DoubleClick	在用户双击窗体时发生
9	FormClosing	当用户关闭窗体时,该事件发生在窗体已关闭并指定关闭原因前发生
10	FormClosed	当用户关闭窗体时,该事件发生在窗体已关闭并指定关闭原因后发生

3.3 基本控件的使用

3.3.1 Timer 控件

Timer 控件又称为定时器控件或计时器控件,在工具箱中的图标是 Timer,该控件的主要作用是按一定的时间间隔周期性地触发一个名为 Tick 的事件。因此,在该事件代码中可以放置需要每隔一段时间需要重复执行的程序段。在程序运行时,定时器控件是不可见的。

1. 常用属性

(1) Enabled 属性:用来设置定时器是否正常运行,默认值为 False。值为 True 时,定时器运行;值为 False 时,定时器不运行。

(2) Interval 属性:用来设置定时器两次 Tick 事件发生的时间间隔,以毫秒为单位。

2. 常用方法

（1）Start 方法：用来启动定时器

　　Timer 控件名称.start();　　//无参函数

（2）Stop 方法：用来停止定时器

　　Timer 控件名称.stop();　　//无参函数

3. 常用事件

Tick 事件，每隔 Interval 时间后将触发一次该事件。

【例 3-1】编写一个显示当前时间的应用程序，要求每隔 1 秒刷新 1 次。

操作步骤：

（1）创建新项目

启动 Microsoft Visual Studio，执行"文件"→"新建"→"项目"，选择项目位置 Projects，输入项目名称 ASimpleProject。项目类型选择"Visual C#"，模板选"Windows 应用程序"，如图 3-2 所示。

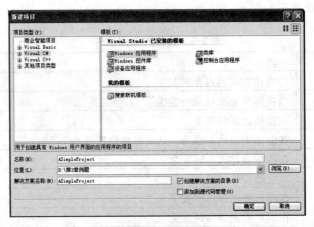

图 3-2　新建项目 ASimpleProject

（2）设计窗体界面

设置 Form1 的 StartPosition 属性值为 CenterScreen，调整窗体大小；拖放一个 Label 控件，调整其显示字体的大小；放置 1 个 Timer 控件，设置 timer1 控件的 Enabled 属性值设为 True，Interval 属性值设为 1000。如图 3-3 所示。

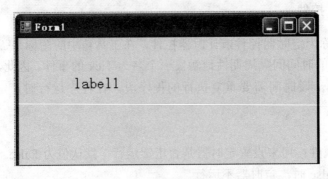

图 3-3　窗体布局

（3）编写 Timer1 控件的 Tick 事件，代码如下：
　　label1.Text=DateTime.Now.ToString();　　　//注意控件名称的大小写
（4）按 F5 键，运行程序，显示结果如图 3-4 所示。

图 3-4　【例 3-1】运行结果

3.3.2　PictureBox 控件

1. 可加载的文件格式

用 Image 属性可显示的图片文件有以下几种：

.bmp、.jpg、.jpeg、.gif、.wmf、.ico

2. 常用属性

（1）Image　加载图片文件

方法 1：在 PictureBox 控件的属性面板上直接设置 Image 属性值。

方法 2：通过 Image.FromFile()方法加载。

（2）SizeMode　决定图像的显示模式

各种图像显示模式及含义如表 3-4 所示。

表3-4　SizeMode属性的取值及含义

序号	属性值	含义
1	AutoSize	自动调节控件大小以适应图像大小
2	CenterImage	图像小于控件，则居中显示；图像大于控件，多出的被剪掉
3	Normal	图像被置于控件左上角，图像大出的部分被剪掉
4	StretchImage	控件中的图像被拉伸或收缩，以适合控件的大小
5	Zoom	图像按原有比例放大或缩小，以填充图片框

3. 常用事件

（1）Click 单击事件

（2）DoubleClick 双击事件

【例 3-2】编写一个 Windows 应用程序，用鼠标单击循环显示每一张照片。

操作步骤：

（1）在 Microsoft Visual Studio 中创建新项目，项目名称 BSimpleProject，如图 3-5 所示。

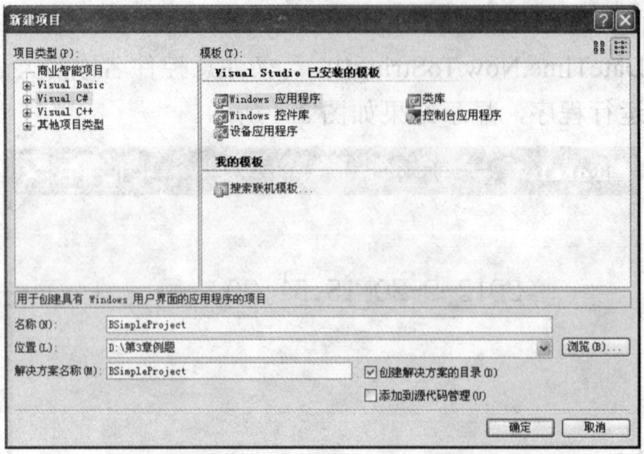

图 3-5　新建项目 BSimpleProject

（2）窗体布局

将 Form1 的 StartPosition 属性值设置为 CenterScreen；在 Form1 上拖放一个 PictureBox 控件，将其大小设置为和窗体一样大，设置 PictureBox1 的 SizeMode 属性值为 StrtchImage，以使图片适合图片框的大小。

（3）编写窗体的 Load 事件

引用命名空间：

using System.IO;

在 Form1 类中定义表示图片编号的变量 num，输入：

private int num=1;

Load 事件代码如下：

pictureBox1.Image = Image.FromFile(Directory.GetCurrentDirectory() +"\\zp1.jpg");
pictureBox1.Cursor= Cursors.Hand;

（4）单击"解决方案资源管理器"的"显示所有文件"，将 zp1.jpg~zp3.jpg 复制到 ~\bin\Dubug 文件夹下（当前目录）。

（5）运行窗体 Form1，结果显示 zp1.jpg。

（6）编写 pictureBox1_Click 事件，代码如下：

num = num % 3 + 1;
pictureBox1.Image = Image.FromFile(Directory.GetCurrentDirectory() + "\\zp" + num + ".jpg");

（7）运行 Form1 窗体，单击图片，循环显示每一张图片。如图 3-6 所示。

图 3-6 【例 3-2】运行结果

3.3.3 RadioButton、CheckBox、GroupBox 控件

1. RadioButton 控件（单选钮）

该控件的作用是在一组选项中只能选择一个。

（1）常用属性

Checked：设置或返回单选按钮是否被选中。

Text：设置或返回单选按钮控件内的文本。

（2）常用事件

Click 事件：当单击单选按钮时，将把单选按钮的 Checked 属性值设为 True，同时发生 Click 事件。

CheckedChanged 事件：当 Checked 属性值更改时，将触发该事件。

2. CheckBox 控件（复选框）

该控件的作用是在一组选项中可以选择一项或多项。

（1）常用属性

Checked：设置或返回复选框是否被选中，值为 True 被选中，为 False 未被选中。

CheckState：设置或返回复选框的状态，值为 Checked 为选中，为 Unchecked 为未选中。

ThreeState：设置或返回复选框是否能表示三种状态，选中、没选中、中间态。值为 true 时，表示三种状态；值为 false 时，只可表示两种状态。

（2）常用事件

Click 事件：当单击复选框时，将复选框的 Checked 属性值设为 True，同时发生 Click 事件。

CheckedChanged 事件：当 Checked 属性值更改时，将触发该事件。

3. GroupBox 控件（分组框）

该控件的作用是为其他控件提供可识别的分组。Text 为常用属性，为分组控件提供文字信息。

【例 3-3】设置文字格式演示程序。

实现目标：通过单选钮或复选框改变文本框中文字的格式。

操作步骤：

（1）启动 Microsoft Visual Studio，执行"文件"→"新建"→"项目"，选择项目位置 Projects，输入项目名称 CSimpleProject。项目类型选择"Visual C#"，模板选"Windows 应用程序"，如图 3-7 所示。

图 3-7　新建项目 CSimpleProject

（2）窗体布局

在属性面板中修改 Form1 的 Text 属性为"设计文字格式演示程序"；拖放 1 个 TextBox 控件，将 TextBox 控件的 Multiline 属性设为 True；拖放 3 个 GroupBox 控件，它们的 Text 属性分别设置为"字体"、"大小"、"字形"；在第 1 个 GroupBox 控件中拖放 3 个 RadioButton 控件，其 Text 属性值分别设置为"宋体"、"隶书"、"楷体"；在第 2 个 GroupBox 控件中拖放 3 个 RadioButton 控件，其 Text 属性值分别设置为"12"、"16"、"18"；在第 3 个 GroupBox 控件中拖放 2 个 CheckBox 控件，其 Text 属性值分别设置为"加粗"、"倾斜"。窗体布局如图 3-8 所示。

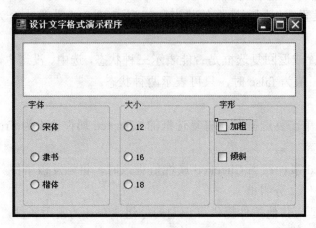

图 3-8　窗体布局

（3）radioButton1~radioButton6 控件的 CheckedChanged 事件代码
```csharp
private void radioButton1_CheckedChanged(object sender, EventArgs e)
{
    textBox1.Font = new Font("宋体", textBox1.Font.Size, textBox1.Font.Style);
}
private void radioButton2_CheckedChanged(object sender, EventArgs e)
{
    textBox1.Font = new Font("隶书", textBox1.Font.Size, textBox1.Font.Style);
}
private void radioButton3_CheckedChanged(object sender, EventArgs e)
{
    textBox1.Font = new Font("楷体_GB2312", textBox1.Font.Size, textBox1.Font.Style);
}
private void radioButton4_CheckedChanged(object sender, EventArgs e)
{
    textBox1.Font = new Font(textBox1.Font.FontFamily, 12, textBox1.Font.Style);
}
private void radioButton5_CheckedChanged(object sender, EventArgs e)
{
    textBox1.Font = new Font(textBox1.Font.FontFamily, 16, textBox1.Font.Style);
}
private void radioButton6_CheckedChanged(object sender, EventArgs e)
{
    textBox1.Font = new Font(textBox1.Font.FontFamily, 18, textBox1.Font.Style);
}
```
（4）checkBox1 和 checkBox2 控件的 CheckedChanged 事件代码
```csharp
private void checkBox1_CheckedChanged(object sender, EventArgs e)
{
    if (checkBox1.Checked)
        textBox1.Font = new Font(textBox1.Font, textBox1.Font.Style | FontStyle.Bold);
    else
        textBox1.Font = new Font(textBox1.Font, textBox1.Font.Style ^ FontStyle.Bold);
}
private void checkBox2_CheckedChanged(object sender, EventArgs e)
{
    if (checkBox2.Checked)
```

```
            textBox1.Font = new Font(textBox1.Font, textBox1.Font.Style | FontStyle.Italic);
        else
            textBox1.Font = new Font(textBox1.Font, textBox1.Font.Style ^ FontStyle.Italic);
    {
```
（5）按 F5 键，程序运行结果如图 3-9 所示。

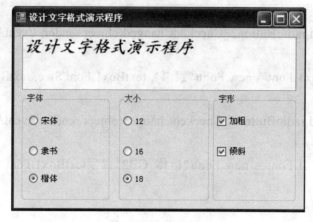

图 3-9 【例 3-3】运行结果

3.3.4 RichTextBox 控件

RichTextBox 控件是一种既可以输入文本又可以编辑文本的文字处理控件，与 TextBox 控件相比不仅可以设定文字的颜色、字体，还具有打开、编辑、存储多种格式文件的功能，如 rtf 格式、ASCII 文本格式、Unicode 编码格式等。另外，该控件还能进行字符检索。

1. 常用属性

（1）RightMargin 属性

用来设置或获取右侧空白的大小，单位是像素。通过该属性可以设置右侧空白。例：

RichTextBox1.RightMargin=RichTextBox1.Width-50;

（2）Rtf 属性

使用此属性将 RTF 格式文本放到控件中以进行显示，也可获取控件中的文本。

（3）SelectedRtf 属性：此属性可使用户获取控件中的选定文本。

（4）SelectionColor 属性

用来获取或设置当前选定文本或插入点处的文本颜色。

（5）SelectionFont 属性

用来获取或设置当前选定文本或插入点处的字体。

2. 常用方法

（1）Redo 方法：此方法用来重做上次被撤销的操作。例：

RichTextBox1.Redo();

（2）Find 方法：此方法用来从 RichTextBox 控件中查找指定的字符串。例：

RichTextBox1.Find(str);

（3）SaveFile 方法：此方法用来将 RichTextBox 控件中的信息保存到指定文件。
调用格式有以下三种：
[格式 1]
RichTextBox 对象名.SaveFile(文件名);
功能：将 RichTextBox 控件中的内容保存为 RTF 格式文件。
[格式 2]
RichTextBox 对象名.SaveFile(文件名,文件类型);
功能：将 RichTextBox 控件中的内容保存为"文件类型"指定的格式文件中。
[格式 3]
RichTextBox 对象名.SaveFile(数据流,数据流类型);
功能：将 RichTextBox 控件中的内容保存为"数据流类型"指定的数据流类型文件中。
其中文件类型或数据流类型的取值及含义如表 3-5 所示。

表3-5　文件类型或数据流类型的取值及含义

取值	含义
RichTextBoxStreamType.PlainText	纯文本流
RichTextBoxStreamType.RichText	RTF 格式流
RichTextBoxStreamType.UnicodePlainText	采用 Unicode 编码的文本流

（4）LoadFile 方法：此方法可以将文本文件、RTF 文件装入 RichTextBox 控件。主要调用格式有以下三种：
[格式 1]
RichTextBox 对象名.LoadFile(文件名);
功能：将 RTF 格式文件或标准 ASCII 文本文件加载到 RichTextBox 控件中。
[格式 2]
RichTextBox 对象名.LoadFile(文件名,文件类型);
功能：将特定类型的文件加载到 RichTextBox 控件中。
[格式 3]
RichTextBox 对象名.LoadFile(数据流,数据流类型);
功能：将现有数据流的内容加载到 RichTextBox 控件中。

【例 3-4】文本格式文件编辑器。实现目标：实现文本文件的打开、保存、查找和替换文字等功能。
操作步骤：

（1）启动 Microsoft Visual Studio，执行"文件"→"新建"→"项目"，选择项目位置 Projects，输入项目名称 DSimpleProject。项目类型选择"Visual C#"，模板选"Windows 应用程序"，如图 3-10 所示。

图 3-10 新建项目 DSimpleProject

（2）窗体布局

修改 Form1 的 Text 属性为"文本格式文件编辑器"；选择 3 个 Label 控件、3 个 TextBox 控件、4 个 Button 控件、1 个 RichTextBox 控件，窗体页面布局如图 3-11 所示。

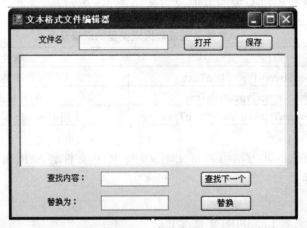

图 3-11 窗体布局

（3）在 Form1 类定义一个 start 成员变量：(选择属性面板上的事件按钮，双击"Load")
public int start;
（4）编写"打开"按钮的单击事件代码：

```
private void button1_Click(object sender, EventArgs e)        //打开文件
    {
        try
        {
            richTextBox1.LoadFile(textBox1.Text, RichTextBoxStreamType.PlainText);
                                                                //打开文件
        }
        catch (Exception e1)
        {
```

```
            MessageBox.Show("文件名错误.", "提示对话框");         //捕获文件名错误
        }
            richTextBox1.Focus();    //为 richTextBox1 设置焦点
}
```

（5）编写"保存"按钮的单击事件代码：
```
private void button2_Click(object sender, EventArgs e)       //保存文件
    {
        if (richTextBox1.Modified)    //如果文档的内容发生了变化
        {
            richTextBox1.SaveFile(textBox1.Text, RichTextBoxStreamType. PlainText);
                                                                //保存
            richTextBox1.Modified = false;
            MessageBox.Show("已保存");
            richTextBox1.Focus();                //为 richTextBox 设置焦点
        }
    }
```

（6）编写"查找下一个"按钮的单击事件代码：
```
private void button3_Click(object sender, EventArgs e)//查找下一个
    {
            string str1;                            //存放要查找的文本
            str1 = textBox2.Text;                   //获取要查找的文本
            start = richTextBox1.Find(str1, start, RichTextBoxFinds.MatchCase);
                                                    //查找下一个
            if (start == -1)              //如果返回值是-1，表示没有找到
            {
                MessageBox.Show("已查找到文档的结尾", "查找结束对话框");
                                                    //显示查找结束消息框
                start = 0;
            }
            else
            {
                start = start + str1.Length;        //下一次查找的起始位置
                richTextBox1.Focus();               //为 richTextBox 设置焦点
            }
    }
```

（7）编写"全部替换"按钮的单击事件代码：
```
private void button4_Click(object sender, EventArgs e)        //全部替换
    {
```

```
        string str1, str2;                              //存放要查找的文本和要替换的文本
        str1 = textBox2.Text;                           //获取要查找的文本
        str2 = textBox3.Text;                           //获取要替换的文本
        start = richTextBox1.Find(str1, start, RichTextBoxFinds.MatchCase);
                                                        //查找下一个
        while (start != -1)                             //如果找到
        {
            richTextBox1.SelectedText = str2;           //替换
            start = start + str2.Length;                //下一次查找的起始位置
            start = richTextBox1.Find(str1, start, RichTextBoxFinds.MatchCase);
                                                        //查找下一个
        }
        MessageBox.Show("已替换到文档的结尾", "替换结束对话框");
                                                        //显示替换结束消息框
        start = 0;                       //设查找位置为 0，从头开始查找
        richTextBox1.Focus();                           //为 richTextBox 设置焦点
    }
```

（8）编写设置查找起始位置代码：
```
private void textBox2_TextChanged(object sender, EventArgs e)    //设置起始位置
{
    start=0;       //只要查找的文本改变，则把 start 的位置设为 0，从头开始查找
}
```

（9）"打开"功能

按 F5 键，输入文件名，单击"打开"按钮，显示结果如图 3-12 所示。

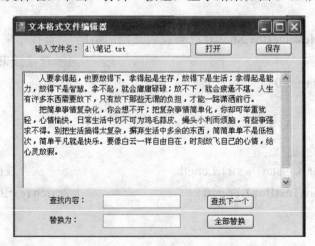

图 3-12 【例 3-4】"打开"功能显示结果

（10）"查找"功能

输入查找内容,单击"查找下一个"按钮,显示结果如图 3-13 所示。

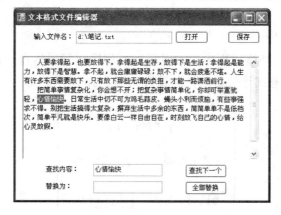

图 3-13 【例 3-4】"查找"功能显示结果

(11)"替换"功能

输入替换为内容,单击"全部替换"按钮,显示结果如图 3-14 所示。

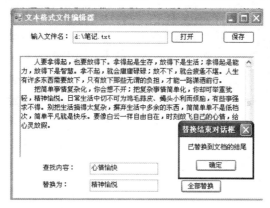

图 3-14 【例 3-4】"替换"功能显示结果

(12)"保存"功能

单击"保存"按钮,将当前文档按原文件保存。如图 3-15 所示。

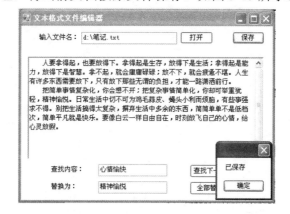

图 3-15 【例 3-4】"保存"功能显示结果

3.4 实践活动

1. 设计一个照片自动展示程序。实现目标：程序运行后将自动循环展示照片。
2. 编写一个电子考试计时器。界面设置如图 3-16 所示。

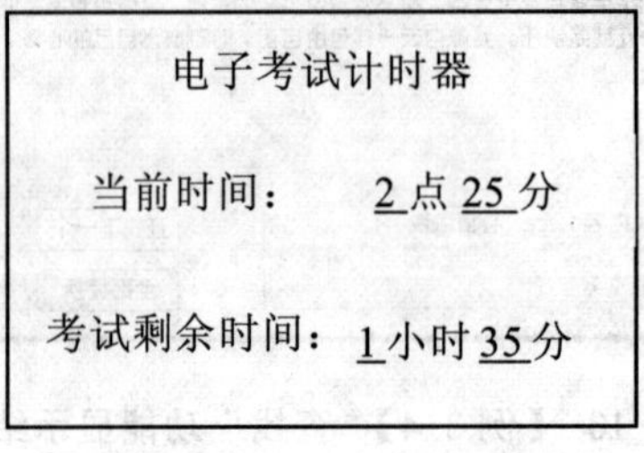

```
电子考试计时器

当前时间：   2 点 25 分

考试剩余时间：1 小时 35 分
```

图 3-16　活动 2 窗体布局

第 4 章 Windows 高级界面与多媒体程序设计

4.1 Windows 高级界面设计

用户界面是人机交互的媒介,是应用程序的一个重要组成部分。在开发 Windows 应用程序时,经常用到菜单、工具栏、状态栏、对话框等界面元素。

4.1.1 菜单控件 MenuStrip

Windows 的菜单系统是图形用户界面(GUI)的重要组成部分,在 Microsoft Visual Studio 中,可使用 MenuStrip 控件方便地实现 Windows 菜单。

1. 常用属性

(1) Text 属性

用来设置或获取菜单项标题,若在菜单中指定一个热键,使用[&字符]表示。例如:菜单项"文件[&F]"显示的结果为"文件[F]"。

(2) Name 属性

表示菜单项名称。

(3) ShortCutKeys 属性

用来设置或获取与菜单项相关联的快捷键。

(4) Checked 属性

用来设置或获取选中菜单项的标记是否出现在菜单项的前面。值有 true 和 false。

2. 常用事件

Click 事件:该事件代码就是菜单项所完成的功能。

4.1.2 工具栏控件 ToolStrip

工具栏通常由一系列按钮、下拉列表框等控件组成,按钮的图标和功能相对应。在 Microsoft Visual Studio 中使用 ToolStrip 控件实现工具栏的设计。

4.1.3 状态栏控件 StatusStrip

状态栏一般用于显示程序运行的当前状态,位于窗口的最下面一行。在 Microsoft Visual Studio 中,通过 StatusStrip 控件创建状态栏。

4.1.4 对话框控件

对话框是 Windows 程序中常见的元素,是人机交互界面,可以接收用户输入的信息或是用户选择信息。在 Microsoft Visual Studio 中设计应用程序时，可以使用系统提供的通用对话框和标准对话框。常用的通用对话框有以下两种：

1. OpenFileDialog 控件

OpenFileDialog 控件的功能是弹出 Windows 中标准的【打开文件】对话框。该控件位于工具箱的【对话框】组名称下，图标为 OpenFileDialog。

（1）常用属性

①Title 属性

用来设置或获取对话框标题，默认标题"打开"。

②Filter 属性

用来获取或设置当前文件名筛选器字符串，该字符串决定对话框的【另存为文件类型】或【文件类型】中出现的选择内容。对于每个筛选选项，筛选器字符串都包含筛选器说明、垂直线条和筛选模式。不同选项的字符串由垂直线条隔开。还可以用分号来分隔各种文件类型，例如：

(*.txt)|*.txt|所有文件(*.*)|*.*

(*.BMP;*.JPG;*.GIF)|*.BMP;*.JPG;*.GIF|所有文件(*.*)|*.*

③FileName 属性

用来设置或获取对话框中所选定的文件名。每个文件名既包含文件路径又包含文件扩展名。

④FilterIndex 属性

用来设置或获取文件对话框中当前筛选器的索引。第一个筛选器的索引默认为 1。

（2）常用方法

ShowDialog()方法：显示通用对话框。

调用方法：

对话框控件名.ShowDialog()

调用该方法后，将显示对话框，如果用户单击对话框中的【确定】按钮，则返回为 DialogResult.OK；否则返回 DialogResult.Cancel。

2. SaveFileDialog 控件

SaveFileDialog 控件的功能是弹出 Windows 中标准的【保存文件】对话框。该控件位于工具箱的【对话框】组名称下，图标为 SaveFileDialog。

该控件的主要功能是"保存文件"，其属性和方法的使用和 OpenFileDialog 控件基本一致，不再重复。

【例 4-1】Windows 高级界面元素应用。创建一个简单文本编辑器，学会菜单栏、工具栏和状态栏的设计。

实现目标：能创建、打开、保存文本文件；能对选定的文本进行剪切、复制、粘贴、删除操作；能对文本进行字体和颜色的设置，并能实时统计和显示文件字数。

操作步骤：

（1）新建项目

启动 Microsoft Visual Studio，执行"文件"→"新建"→"项目"，选择项目位置"第

4章例题",输入项目名称 ASimpleProject。项目类型选择"Visual C#",模板选"Windows 应用程序",如图 4-1 所示。

图 4-1 新建项目 ASimpleProjec

(2) 窗体布局

修改 Form1 的 Text 属性为"简单文本编辑器",并改变窗体的大小;拖放 1 个 MenuStrip 控件、1 个 ToolStrip 控件、1 个 RichTextBox 控件、1 个 StatusStrip 控件到窗体上,如图 4-2 所示。

图 4-2 【例 4-1】窗体布局

(3) 菜单设计

①添加菜单项

a) 选中 MenuStrip1 控件,在"请在此处输入"文字上单击,输入"文件[&F]",回车,再选中刚建立的菜单,将它的 name 属性值设为"MenuItem1"。

b) 在"文件[&F]"下面的"请在此处输入"文字处输入"新建[&N]",再选中刚建立的菜单,将它的 name 属性值设为"MenuItem1_1",ShortCutKeys 属性设为 Ctrl+N。

c) 按以上方法建立"文件"菜单项的下拉菜单,菜单命令及其属性如表 4-1 所示。

表4-1 "文件"下拉菜单项的命令及其属性设置

菜单名标题（Text 属性值）	菜单项名称（Name 属性值）	快捷键（ShortCutKeys 属性值）
文件[&F]	MenuItem1	None
新建[&N]	MenuItem1_1	Ctrl+N
打开[&O]	MenuItem1_2	Ctrl+O
保存[&S]	MenuItem1_3	Ctrl+S
另存为[&A]	MenuItem1_4	None
-	MenuItem1_5	None
退出[&X]	MenuItem1_6	None

d) 创建"编辑"菜单项，将其 name 属性值设为"MenuItem2"，其下拉菜单设置如表 4-2 所示。

表4-2 "编辑"下拉菜单项的命令及其属性设置

菜单名标题（Text 属性值）	菜单项名称（Name 属性值）	快捷键（ShortCutKeys 属性值）
编辑[&E]	MenuItem2	None
撤销[&U]	MenuItem2_1	Ctrl+Z
重复[&R]	MenuItem2_2	Ctrl+Y
剪切[&T]	MenuItem2_3	Ctrl+X
复制[&C]	MenuItem2_4	Ctrl+C
粘贴[&P]	MenuItem2_5	Ctrl+P
删除[&D]	MenuItem2_6	Delete
全选[&A]	MenuItem2_7	Ctrl+A

e) 创建"格式"菜单项，将其 name 属性值设为"MenuItem3"，其下拉菜单设置如表 4-3 所示。

表4-3 "格式"下拉菜单项的命令及其属性设置

菜单名标题（Text 属性值）	菜单项名称（Name 属性值）	快捷键（ShortCutKeys 属性值）
格式[&O]	MenuItem3	None
字体[&F]…	MenuItem3_1	None
颜色[&C]…	MenuItem3_2	None
-	MenuItem3_3	None
背景[&K]	MenuItem3_4	None

f) 创建"背景"子菜单项，其下拉菜单设置如表 4-4 所示。

表4-4 "背景"子菜单项的命令及其属性设置

菜单名标题（Text 属性值）	菜单项名称（Name 属性值）	快捷键（ShortCutKeys 属性值）	Checked 属性
白色背景	MenuItem3_4_1	None	True
蓝色背景	MenuItem3_4_2	None	False

菜单创建完毕，结果如图 4-3 所示。

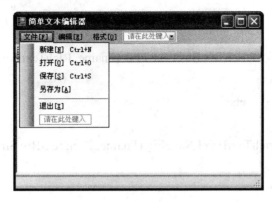

图 4-3　设计好的菜单

②添加方法

a) 在 class Form1 类中定义两个变量：

private string Fname;　　　//存放打开的文件名

　　private string FExtName;　　　//存放文件扩展名

b) 添加 RichTextBoxResize()方法，其作用是文本框控件随窗体大小而改变。

private void RichTextBoxResize()　　　//richTextBox 控件的大小随窗体而变化

　　{

　　　　richTextBox1.Top = toolStrip1.Height + toolStrip1.Top;

　　　　richTextBox1.Left = 0;

　　　　richTextBox1.Width = this.ClientSize.Width;

　　　　richTextBox1.Height = this.ClientSize.Height - toolStrip1.Height - toolStrip1.Top - statusStrip1.Height;

　　}

c) 添加"未保存处理"方法

private void NotSaveProcess()　　　//没有保存处理方法

　　{

　　　　if (richTextBox1.Modified)　　　//如果 richTextBox1 中的文本被修改

　　　　{

　　　　　　if (MessageBox.Show("文件未保存，是否保存？", "保存提示", MessageBoxButtons.YesNo) == DialogResult.Yes)

　　　　　　{

　　　　　　　　if (Fname == "")

　　　　　　　　{

　　　　　　　　　　SaveAs();

　　　　　　　　}

　　　　　　　　else

```csharp
                    {
                        if (FExtName == "txt")
                        {
                            richTextBox1.SaveFile(Fname, RichTextBoxStreamType.PlainText);
                        }
                        else
                        {
                            richTextBox1.SaveFile(Fname, RichTextBoxStreamType.RichText);
                        }
                    }
                }
            }
```

d) 添加"新建"文件方法

```csharp
private void NewFile()         //新建文件方法
{
    NotSaveProcess();
    Fname = "";
    FExtName = "txt";
    richTextBox1.Text = "";
    this.Text = "新建-简单文本编辑器";
    richTextBox1.Modified = false;
    //lblSave.Text="已保存";
}
```

e) 添加"打开"文件方法

添加一个 OpenFileDialog 控件。

```csharp
private void FileOpen()      //打开文件方法
{
    openFileDialog1.Filter = "文本文件(*.txt)|*.txt|RTF 格式文件(*.RTF)|*.RTF";
                                              //设置过滤器属性
    openFileDialog1.FilterIndex = 1;          //设置当前文件过滤器
    openFileDialog1.Title = "打开文件";        //设置对话框标题
    openFileDialog1.InitialDirectory = Application.StartupPath;
                                              //初始目录设为启动路径
    openFileDialog1.RestoreDirectory = true;  //自动回复初始目录
    openFileDialog1.ShowDialog();             //弹出打开文件对话框
    Fname = openFileDialog1.FileName;         //获取打开的文件名
    if (Fname != "")
```

```
            if (openFileDialog1.FilterIndex == 1)        //如果是文本文件
                richTextBox1.LoadFile(Fname, RichTextBoxStreamType.PlainText);
            else
                richTextBox1.LoadFile(Fname, RichTextBoxStreamType.RichText);
                                                         //RTF 格式文件
        }
        this.Text = Fname + "-简单文本编辑器";            //窗体标题栏显示的信息
    }
```

以上方法中 RichtextBox1 控件中用到了 SaveFile()方法中涉及的文件类型的取值，如表 4-5 所示。

表4-5 文件类型（或数据流）的取值及含义

数值	含义
RichTextBoxStreamType.PlainText	纯文本流
RichTextBoxStreamType.RichText	RTF 格式流
RichTextBoxStreamType.UnicodePlainText	采用 Unicode 编码的文本流

f) 添加"保存"方法

```
private void Save()         // "保存"方法
{
        if (richTextBox1.Modified)
        {
            if (Fname == "")
            {
                SaveAs();
            }
            else
            {
                if (FExtName == "txt")
                    richTextBox1.SaveFile(Fname, RichTextBoxStreamType.PlainText);
                else
                    richTextBox1.SaveFile(Fname, RichTextBoxStreamType.RichText);
            }
        }
        richTextBox1.Modified = false;
        lblSave.Text = "已保存";
}
```

g) 添加"另存为"方法

添加一个 SaveFileDialog 控件。

```csharp
private void SaveAs()        //"另存为"方法
{
    saveFileDialog1.Filter = "文本文件(*.txt)|*.txt|RTF 格式文件|*.RTF";
    saveFileDialog1.FilterIndex = 1;
    saveFileDialog1.Title = "另存为";
    saveFileDialog1.InitialDirectory = Application.StartupPath;
    saveFileDialog1.RestoreDirectory = true;
    saveFileDialog1.ShowDialog();
    Fname = saveFileDialog1.FileName;
    if (Fname!="")
    {
        if (saveFileDialog1.FilterIndex == 1)
        {
            richTextBox1.SaveFile(Fname, RichTextBoxStreamType.PlainText);
            FExtName = "txt";
        }
        else
        {
            richTextBox1 .SaveFile ( Fname, RichTextBoxStreamType.RichText);
            FExtName ="rtf";
        }
        this.Text=Fname +"简单文本编辑器";
    }
    richTextBox1.Modified = false;
    //lblSave.Text="已保存";
}
```

③添加事件

a) 添加 Form1.cs 的 Load 事件

```csharp
private void Form1_Load(object sender, EventArgs e)
{
    RichTextBoxResize();
    Fname = "";
    FExtName = "txt";
    this.Text = "简单文本编辑器";
    MenuItem2_1.Enabled = false;        //撤销菜单不可用
    MenuItem2_2.Enabled = false;        //重复菜单不可用
    MenuItem2_3.Enabled = false;        //剪切菜单不可用
    MenuItem2_4.Enabled = false;        //复制菜单不可用
```

```csharp
            MenuItem2_5.Enabled = false;        //粘贴菜单不可用
            MenuItem2_6.Enabled = false;        //删除菜单不可用
            MenuItem3_4_1.Checked = true;       //选中白色背景
    lblCharNum.Text = "字符数:" + Convert.ToString(richTextBox1.TextLength) + " ";
        lblSave.Text = "已保存    ";
    }
```

b) 添加 Form1.cs 的 Resize 事件

```csharp
    private void Form1_Resize(object sender, EventArgs e)
    {
        RichTextBoxResize();
    }
```

c) 编写"文件"下拉菜单项的命令功能

```csharp
  private void MenuItem1_1_Click(object sender, EventArgs e)
                                                        //"新建"菜单项 Click 事件
    {
        NewFile();
    }
  private void MenuItem1_2_Click(object sender, EventArgs e)
                                                        //"打开"菜单项 Click 事件
    {
        FileOpen();
    }
  private void MenuItem1_3_Click(object sender, EventArgs e)
                                                        //"保存"菜单项 Click 事件
    {
        Save();
    }
  private void MenuItem1_4_Click(object sender, EventArgs e)
                                                        //"另存为"菜单项 Click 事件
    {
        SaveAs();
    }
  private void MenuItem1_6_Click(object sender, EventArgs e)
                                                        //"退出"菜单项 Click 事件
    {
        NotSaveProcess();                   //进行没有保存处理
        Application.Exit();                 //退出应用程序
    }
```

d) 编写"编辑"下拉菜单项的命令功能

```csharp
private void MenuItem2_1_Click(object sender, EventArgs e)
                                                    //"撤销"菜单项 Click 事件
{
    richTextBox1.Undo();
}
private void MenuItem2_2_Click(object sender, EventArgs e)
                                                    //"重复"菜单项 Click 事件
{
    richTextBox1.Redo();
}
private void MenuItem2_3_Click(object sender, EventArgs e)
                                                    //"剪切"菜单项 Click 事件
{
    richTextBox1.Cut();
    MenuItem2_5.Enabled = true;
    MenuItem2_3.Enabled = false;
}
private void MenuItem2_4_Click(object sender, EventArgs e)
                                                    //"复制"菜单项 Click 事件
{
    richTextBox1.Copy();
    MenuItem2_5.Enabled = true;
}
private void MenuItem2_5_Click(object sender, EventArgs e)
                                                    //"粘贴"菜单项 Click 事件
{
    richTextBox1.Paste();
}
private void MenuItem2_6_Click(object sender, EventArgs e)
                                                    //"删除"菜单项 Click 事件
{
    richTextBox1.SelectedText = "";
}
private void MenuItem2_7_Click(object sender, EventArgs e)
                                                    //"全选"菜单项 Click 事件
{
```

```
            richTextBox1.SelectAll();
    }
```
e) 编写"格式"下拉菜单项的命令功能

添加一个 FontDialog 对话框控件和一个 ColorDialog 对话框控件。

```
//"字体"菜单项 Click 事件
private void MenuItem3_1_Click(object sender, EventArgs e)
    {
if (fontDialog1.ShowDialog() == DialogResult.OK)
                                        //在字体对话框中,单击了"确定"按钮
            richTextBox1.SelectionFont = fontDialog1.Font;    //设置选中文本的文字
    }
//"颜色"菜单项 Click 事件
private void MenuItem3_2_Click(object sender, EventArgs e)
    {
        if (colorDialog1.ShowDialog() == DialogResult.OK)
                                        //在颜色对话框中,单击了"确定"按钮
            richTextBox1.SelectionColor = colorDialog1.Color;    //设置选中文本的颜色
    }
//"白色背景"菜单项 Click 事件,设置白底黑字
    private void MenuItem3_4_1_Click(object sender, EventArgs e)
    {
        MenuItem3_4_1.Checked = true ;
        MenuItem3_4_2.Checked = false ;
        richTextBox1.BackColor = Color.White;
        richTextBox1.ForeColor = Color.Black ;
    }
//"蓝色背景"菜单项 Click 事件,设置蓝底黄字
    private void MenuItem3_4_2_Click(object sender, EventArgs e)
    {
        MenuItem3_4_1.Checked = false;
        MenuItem3_4_2.Checked = true;
        richTextBox1.BackColor = Color.Blue;
        richTextBox1.ForeColor = Color.Yellow;
    }
```
f) 编写控件内有文本被选定时发生的事件

选中 RichtextBox1 控件,在属性面板中选中"事件"选项,双击"SelectionChanged"项,编写代码如下:

```
private void richTextBox1_SelectionChanged(object sender, EventArgs e)
    {
        if (richTextBox1.SelectedText != "")
        {
            MenuItem2_3.Enabled = true;      //"剪切"可用
            MenuItem2_4.Enabled = true;      //"复制"可用
            MenuItem2_6.Enabled = true;      //"删除"可用
        }
        else
        {
            MenuItem2_3.Enabled = false ;    //"剪切"不可用
            MenuItem2_4.Enabled = false ;    //"复制"不可用
            MenuItem2_6.Enabled = false ;    //"删除"不可用
        }
    }
```

g) 关于多窗体程序设计——改写"退出"菜单项

Windows 应用程序有时是由多个窗体组成的。例如当"退出"应用程序时，添加一个提示窗口。

步骤如下：

添加新项"窗体"form2，FormBorderStyle 的属性值设为：fixedDialog。

改变窗体大小，并进行窗体布局，如图 4-4 所示。

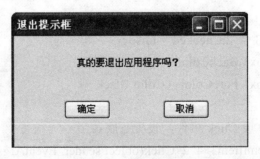

图 4-4　窗体布局

选择"确定"按钮的 DialogResult 属性值为"OK"；选择"取消"按钮的 DialogResult 属性值为"Cancel"。

改进的"退出"菜单项单击事件代码如下：

```
private void MenuItem1_6_Click(object sender, EventArgs e)
    {
        Form2 exitForm = new Form2();       //根据 Form2 窗体类生成对象
        if(exitForm.ShowDialog() ==DialogResult .OK )
        {
```

```
            NotSaveProcess();      //进行没有保存处理
            exitForm .Close ();    //关闭"退出提示框"
            this .Close ();        //关闭当前窗体
            Application.Exit();    //退出应用程序
        }
    }
```

（4）工具栏设计

a) 将三个准备好的图形文件保存在"~\bin\debug"文件下。这三个文件是"新建.bmp"、"打开.bmp"、"保存.bmp"。

b) 选中 **ToolStrip1** 控件，单击工具栏上图标下拉箭头，在出现的下拉菜单中选择【Button】菜单项，为工具栏添加一个按钮控件。如图 4-5 所示。

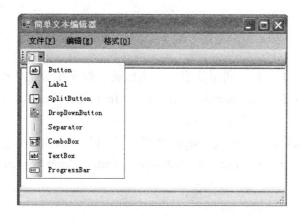

图 4-5　添加按钮的下拉菜单

c) 将第 1 个按钮的 name 属性值设为 btnNew，单击其 Image 属性值，导入图片文件"新建.bmp"

d) 重复以上操作，在工具栏上共添加 3 个按钮。Name 属性值分别为：btnNew、btnOpen、btnSave；Image 属性值分别为："新建.bmp"、"打开.bmp"、"保存.bmp"。如图 4-6 所示。

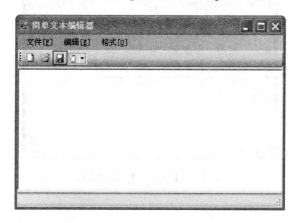

图 4-6　在工具栏上添加了 3 个按钮

e) 编写按钮的单击事件

```
private void btnNew_Click(object sender, EventArgs e)
    {
        NewFile();
    }
    private void btnOpen_Click(object sender, EventArgs e)
    {
        FileOpen();
    }
    private void btnSave_Click(object sender, EventArgs e)
    {
        Save();
    }
```

（5）状态栏设计

a) 选中 StatusStrip1 控件，利用状态栏上图标的下拉菜单添加 2 个标签 Statuslabel。它们的 Name 属性值分别为：lblCharNum、lblSave；Text 属性值分别为："字符数：   "、"保存：   "。

b) 编写 RichTextBox1 的 TextChanged 事件，代码如下：

```
private void richTextBox1_TextChanged(object sender, EventArgs e)
{
    if (richTextBox1.Modified)
        lblSave.Text = "未保存    ";
        lblCharNum.Text = "字符数" + Convert.ToString(richTextBox1.TextLength) + "";
}
```

（6）按 F5 键，运行结果如图 4-7 所示。

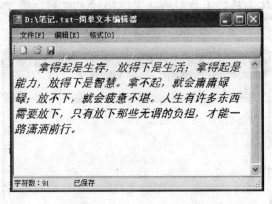

图 4-7 【例 4-1】运行结果

4.2 多媒体控件应用

4.2.1 多媒体概念

1. 多媒体概念

多媒体是指多种媒体的有机结合，是通过多媒体技术来实现的。多媒体技术是利用电子技术、通信技术、计算机技术等将各种媒体，包括文字、图形、图像、动画、音频、视频等，以数字化的方式集成在一起，从而使计算机具有表现、处理、存储多媒体信息的能力。

2. 多媒体特点

（1）集成性

所谓集成性，包含多媒体信息的集成、多媒体技术的集成、多媒体设备的集成等。

（2）交互性

所谓交互性是指信息交流的双向性。多媒体程序在运行过程中，能根据用户的反应做出不同的响应。

（3）实时性

所谓实时性是指在多媒体系统中音频和视频等信息是实时的，多媒体系统提供了对这些媒体实时处理的能力。

3. 多媒体文件

以下给出常用的多媒体文件格式：

- 图像文件：.BMP .JPEG .GIF .PNG
- 声音文件：.MP3 .MID .WAV .WMA
- 视频文件：.AVI
- 动画文件：.SWF

4. 处理多媒体元素的第三方控件

在 Microsoft Visual Studio 中，可以使用 Media Player、AxMMControl 和 AxShockwaveFlash 控件对多媒体文件进行控制。这些控件都不是 Microsoft Visual Studio 自带的，使用时需要从"选择工具箱项"对话框的"COM"组件中加载。加载到项目中的第三方控件名称都以"ax"开头。

4.2.2 AxWindowsMediaPlayer 控件

AxWindowsMediaPlayer 控件主要用来播放音频和视频及动画文件。在使用之前加载到 Microsoft Visual Studio 的工具箱中。

1. 加载 AxWindowsMediaPlayer 控件

（1）在工具箱中单击右键，在出现的快捷菜单中选择"选择项"，打开如图 4-8 所示的对话框。

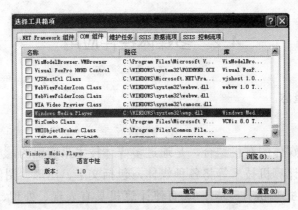

图 4-8 "选择工具箱项"对话框

（2）单击"选择工具箱项"对话框的"COM 组件"，选中"Windows Media Player"控件的复选框，单击"确定"。控件图标 Windows Media Player 出现在工具箱中。

2. AxWindowsMediaPlayer 控件的主要属性

（1）Dock 属性

用来定义控件与窗体的停泊关系。取值有：Top、Left、Right、Bottom、Fill。取值为 Fill 将填充整个窗体。

（2）fullScreen 属性

值为 True 时，媒体全屏播放，默认值为 False。

（3）URL 属性

赋给 URL 一个要播放的媒体文件名。

【例 4-2】AxWindowsMediaPlayer 控件的应用。创建一个播放视频文件的应用程序。

操作步骤：

（1）启动 Microsoft Visual Studio，执行"文件"→"新建"→"项目"，选择项目位置"第 4 章例题"，输入项目名称 BSimpleProject。项目类型选择"Visual C#"，模板选"Windows 应用程序"，如图 4-9 所示。

图 4-9 新建项目 BSimpleProject

（2）拖放一个 Windows Media Player 控件到窗体上，设置属性 Dock 的值为 Fill，Text 属性为"播放视频文件"。如图 4-10 所示。

图 4-10 "Windows Media Player"控件

图 4-11 用 Windows Media Player 播放视频

（3）在控件的属性面板上设置 URL 的值为：d:\片头.swf。

（4）按 F5 键，运行结果如图 4-11 所示。

4.2.3 AxMMControl 控件

1. 加载 AxMMControl 控件

（1）在工具箱中单击右键，在出现的快捷菜单中选择"选择项"，打开如图 4-12 所示的对话框。

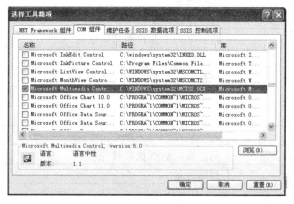

图 4-12 "选择工具箱项"对话框

（2）单击"选择工具箱项"对话框的"COM 组件"，选中"Microsoft Multimedia Control"控件的复选框，单击"确定"。控件图标 Microsoft Multimedia C... 出现在工具箱中。

（3）拖放一个 Microsoft Multimedia Control 控件到窗体上，控件显示效果如图 4-13 所示。

图 4-13 "Microsoft Multimedia Control"控件

该控件上有 9 个按钮，分别代表九种功能，分别是：prev（前一首或向前）、next（下一首或向后)、play(播放)、pause(暂停)、back(快速倒带)、step(快速进带)、stop(停止) record、(录制)、eject(弹出)。

2. AxMMControl 控件的主要属性

(1) AutoEnable 属性

自动检测各个按钮的状态。当按钮的状态为有效时为黑色,否则为灰色。值 True 代表自动检验,为 False 代表不自动检验。默认值为 True。可通过程序设置将按钮置于有效状态,例如以下代码:

axMMControl1.AutoEnable=false;

axMMControl1.PlayEnabled =true ;

axMMControl1.PauseEnabled=true;

(2) Command 属性

该属性用于控制对多媒体文件或设备的操作。属性取值及含义如表 4-6 所示。

表4-6 AxMMControl控件的Command属性的取值及含义

序号	属性值	含义
1	prev	跳到当前曲目的起始位置
2	play	播放多媒体文件
3	back	后退指定数目的画面
4	step	前进指定数目的画面
5	stop	停止播放
6	open	打开多媒体文件
7	next	跳到下一个曲目的起始位置
8	pause	暂停播放
9	save	保存文件
10	sound	播放声音
11	record	录音
12	close	关闭文件
13	seek	向前或向后查找曲目
14	eject	弹出设备

例如:

axMMControl1.Command = "open";   //打开多媒体文件

axMMControl1.Command = "close";   //关闭多媒体文件

axMMControl1.Command = "play";   //播放多媒体文件

(3) DeviceType 属性

用于设置播放多媒体文件的类型。包括:

AVI 文件(avivideo)、WAV 文件(waveaudio)、CD 文件(cdaudio)、VCD 文件(dat)、数字视频文件(digitalvideo)、MIDI 文件(sequencer)等。例如:

axMMControl1.DeviceType ="avivideo";

【例 4-3】AxMMControl 控件的应用,创建一个控制多媒体播放与暂停的应用程序。

实现目标：打开并播放视频文件，能实现暂停和继续播放功能。

操作步骤：

（1）启动 Microsoft Visual Studio，执行"文件"→"新建"→"项目"，选择项目位置"第 4 章例题"，输入项目名称 CSimpleProject。项目类型选择"Visual C#"，模板选"Windows 应用程序"，如图 4-14 所示。

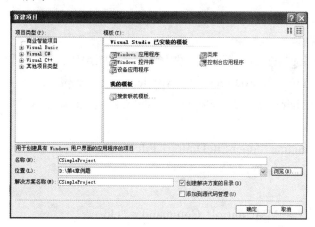

图 4-14　新建项目 CSimpleProject

（2）窗体布局

修改 Form1 的 Text 属性为"播放视频文件"；在窗体上添加 1 个 PictureBox 控件（BackColor 属性设为黑色）、1 个 Button 控件、1 个 Microsoft Multimedia Control 控件，1 个 OpenFileDialog 控件，窗体页面布局如图 4-15 所示。

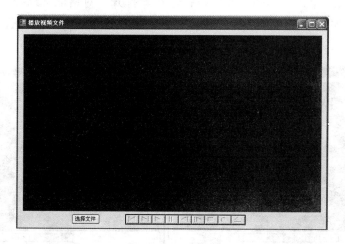

图 4-15　窗体布局

（3）窗体的 Load 事件

```
private void Form1_Load(object sender, EventArgs e)
{
        axMMControl1.Command = "close";
        axMMControl1.DeviceType ="avivideo";
```

```csharp
            axMMControl1.hWndDisplay = pictureBox1.Handle.ToInt32();
            axMMControl1.Command = "open";
}
```

(4)"选择文件"按钮的单击事件

```csharp
private void button1_Click(object sender, EventArgs e)
{
    string filename = "";
    openFileDialog1.Filter = "视频文件（*.AVI）|*.AVI";
    openFileDialog1.InitialDirectory = Application.StartupPath;
    if (openFileDialog1.ShowDialog() == DialogResult.OK)
    {
        filename = openFileDialog1.FileName;
        if (filename != "")
        {
            axMMControl1.Command = "close";
            axMMControl1.FileName = filename;
            axMMControl1.Command = "open";
        }
    }
}
```

(5) 按 F5 键，单击"选择文件"按钮，在"打开"对话框中选择要播放的文件。单击 ▶ 按钮，开始播放，运行截图之一如图 4-16 所示；单击 ■ 按钮，播放暂停，运行截图如图 4-17 所示。

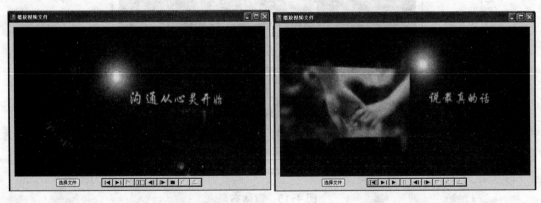

图 4-16 "播放"截图　　　　　　图 4-17 "暂停"截图

4.2.4 AxShockwaveFlash 控件

在 Microsoft Visual Studio 中，可以使用 AxShockwaveFlash 控件来设计 Flash 播放器，利用控件可以打开 .SWF 类型的 Flash 文件，并能方便地实现对播放过程的控制。

1. 加载 AxShockwaveFlash 控件

（1）在工具箱中单击右键，在出现的快捷菜单中选择"选择项"，打开如图 4-18 所示的对话框。

图 4-18　"选择工具箱项"对话框

（2）单击"选择工具箱项"对话框的"COM 组件"，选中"Shockwave Flash Object"控件的复选框，单击"确定"。控件图标 ![Shockwave Flash Object] 出现在工具箱中。

（3）拖放一个 Shockwave Flash Object 控件到窗体上，控件显示效果如图 4-19 所示。

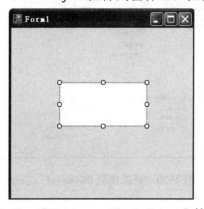

图 4-19　"Shockwave Flash Object"控件

2. AxShockwaveFlash 控件的主要属性

（1）Movies 属性

用来设置要播放的动画文件的路径和文件名。

（2）Loop 属性

用来设置是否允许循环播放。属性值为 true 时，表示允许循环播放；属性值为 false 时，表示不允许循环播放。

（3）Playing 属性

用来控制是否播放 Flash 文件，属性值为 true 时，表示播放；属性值为 false，表示停止播放。

（4）Quality 属性

用来设置播放分辨率。值为 0 表示低分辨率；值为 1 表示高分辨率；值为 2 表示自动降低分辨率；值为 3 表示升高分辨率。

（5）ScaleMode 属性

设置控件的显示模式。值为 0 显示全部显示；值为 1 表示无边界；值为 2 表示自动适应控件大小。

3. AxShockwaveFlash 控件的常用方法

（1）Play 方法：播放 Flash 动画文件（.SWF）

（2）Stop 方法：停止播放 Flash 动画文件

（3）Forward 方法：前进一帧，用于播放下一帧动画

（4）Back 方法：后退一帧，用于播放上一帧动画

【例 4-4】AxShockwaveFlash 控件的应用。创建一个 Flash 播放器。

实现目标：打开并播放 Flash 动画文件，能实现暂停和继续播放功能。

操作步骤：

（1）启动 Microsoft Visual Studio，执行"文件"→"新建"→"项目"，选择项目位置"第 4 章例题"，输入项目名称 DSimpleProject。项目类型选择"Visual C#"，模板选"Windows 应用程序"，如图 4-20 所示。

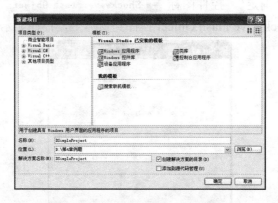

图 4-20　新建项目 DSimpleProject

（2）窗体布局

修改 Form1 的 Text 属性为"Flash 动画播放器"；在窗体上添加 1 个 Shockwave Flash Object 控件、4 个 Button 控件、1 个 OpenFileDialog 控件，窗体页面布局如图 4-21 所示。

图 4-21　窗体布局

(3) 窗体的 Load 事件
```csharp
private void Form1_Load(object sender, EventArgs e)
{
        openFileDialog1.Filter = "FLASH 文件（*.SWF）|*.SWF";
        openFileDialog1.InitialDirectory = Application.StartupPath;
}
```
(4) "打开"按钮的单击事件
```csharp
private void button1_Click(object sender, EventArgs e)
{
        if (openFileDialog1.ShowDialog() == DialogResult.OK)
        {
            axShockwaveFlash1.Stop();
            axShockwaveFlash1.Playing = false;
            button1.Enabled = true;
            button2.Enabled = false;
            button3.Enabled = true;
            axShockwaveFlash1.Movie = openFileDialog1.FileName;
        }
}
```
(5) "播放"按钮的单击事件
```csharp
private void button2_Click(object sender, EventArgs e)
{
        axShockwaveFlash1.Playing = true;
        axShockwaveFlash1.Play();
        button2.Enabled = false;
        button3.Enabled = true;
}
```
(6) "停止"按钮的单击事件
```csharp
private void button3_Click(object sender, EventArgs e)
{
        axShockwaveFlash1.Playing = false;
        axShockwaveFlash1.Stop();
        button2.Enabled = true;
        button3.Enabled = false;
}
```
(7) "退出"按钮的单击事件
```csharp
private void button4_Click(object sender, EventArgs e)
{
```

```
            this.Close();
}
```

(8) 按 F5 键，运行结果如图 4-22 和图 4-23 所示。

图 4-22 【例 4-4】运行结果之一

图 4-23 【例 4-4】运行结果之二

4.3 实践活动

1. 制作一个简单的媒体播放器。要求能够播放常见的媒体文件。在打开文件对话框中可选择 AVI、WAV、MID、DAT、MPG、MP3 等常见格式的音视频文件。

2. 在本章【例 4-1】的基础上，在工具栏上添加选择字体、字号功能的下拉列表框。

应用篇

第 5 章 单用户登录模块

本章要点
1. 学会进行页面布局。
2. 学会进行数据库连接。
3. 掌握单用户登录模块设计方法。
4. 掌握用消息框提示信息方法。

系统的登录模块是完成对系统用户的合法性验证，登录操作是在客户端完成的。客户端登录功能主要是将用户名和密码发送到服务器端，若服务器端的数据库存储了该用户的信息，则该用户就具有了继续下一步操作的权限。这样，可以提高系统的安全性并保证非法用户无法侵入系统。

5.1 系统开发工具和运行环境

- 系统开发平台：Microsoft Visual Studio
- 系统开发语言：Visual C#
- 数据库系统管理软件：Microsoft SQL Server
- 系统运行环境：Windows XP（SP2）
- 客户端浏览器：Internet Explorer

注意：在后续章节中，系统开发工具和运行环境都和本章相同，不再重复说明。

5.2 模块实现目标

单用户登录模块只完成同一类用户登录，其主要功能是通过输入正确的用户名和密码进入系统操作主页面。本模块需要建立登录页面和主页面，其中登录页面完成用户登录功能，主页面为登录成功所跳转的页面。

5.3 数据库设计

数据库设计是系统开发过程中的重要部分，它是根据系统开发的需求而设计的。数据库的设计直接影响到系统的后期开发。在本模块中，每个用户的用户名和密码都存储在数据库的登录表里，登录表的 E-R（Entity Relationship，实体联系）图，如图 5-1 所示。数据库表的 E-R 图是用来描述现实世界的概念模型，提供了表示实体、属性和联系的方法。

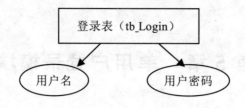

图 5-1 登录表 E-R 图

5.4 模块实现过程

5.4.1 创建网站

在磁盘的某个位置建立文件夹"Single-userLogin"。打开 Microsoft Visual Studio，执行"文件"→"新建"→"网站"，选择"ASP.NET 网站"模板，选择文件夹"Single-userLogin"为网站位置，选择语言为"Visual C#"，如图 5-2 所示。

图 5-2 新建网站"Single-userLogin"

单击"确定"按钮，网站的解决方案资源管理器显示结果如图 5-3 所示。

图 5-3 新网站"Single-userLogin"组成结构

5.4.2 创建数据库文件和表

启动 Microsoft SQL Server，新建数据库文件"db_SingleuserLogin"，保存在网站"Single-userLogin"的"App_Data"文件夹中。在数据库文件"db_SingleuserLogin"中创

建表"tb_Login",其结构如表 5-1 所示。

表5-1 "tb_Login"表结构

列序号	列名称	数据类型	说明
1	UserID	varchar(50)	用户名(主键)
2	UserPwd	varchar(50)	用户密码

在 tb_Login 表中输入若干条记录,如图 5-4 所示。

图 5-4 在表"tb_Login"中输入记录

5.4.3 登录页面 Login.aspx

用户登录页面"Login.aspx"的主要功能是对用户输入的用户名和密码进行验证。若正确,则进入系统主页面"Main.aspx";若不正确,则给出提示并允许用户重新登录。

【操作步骤】

(1) 添加窗体页文件

在网站"解决方案资源管理器"中,利用快捷菜单添加新项,如图 5-5 所示。

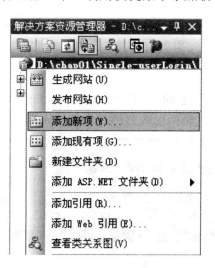

图 5-5 添加新项

模板选择 Web 窗体,文件命名为"Login.aspx",语言选择"Visual C#",默认选中"将代码放在单独的文件中",如图 5-6 所示。

图 5-6 创建"Login.aspx"页面

(2) 创建页面背景文件

用 Photoshop 或其他图像处理软件创建一个图像文件"01.jpg",大小为 480×320px,保存在网站文件夹中,文件显示效果如图 5-7 所示。

图 5-7 图像文件"01.jpg"

(3) 页面控件布局

单击"Login.aspx"文件页面的"源"按钮,切换到源视图画面。在<div></div>之间输入 HTLM 代码,或利用工具箱的服务器控件来设计页面,设计结果如图 5-8 所示。

图 5-8 "Login.aspx"页面布局

设计控件的属性,按表 5-2 所示进行设置。

表5-2 设置Login.aspx页面控件的属性

序号	控件类别	控件属性	属性值
1	Panel	ID	Panel1
		BackImageUrl	~/01.jpg
		BorderStyle	Double
2	Label	ID	Label1
		Text	用户名
3	Label	ID	Label2
		Text	用户密码
4	TextBox	ID	TextBox1
		TextMode	SingleLine
5	TextBox	ID	TextBox2
		TextMode	Password
6	Button	ID	Button1
		Text	登录
7	Button	ID	Button2
		Text	取消

（4）编写"登录"按钮的单击事件

功能：若在 tb_Login 表中查到页面所输入的用户名和密码，将跳转到系统主页面；否则，将使用.NET 消息框提示"你是非法用户或密码错误！"。

在 Login.aspx.cs 中引入命名空间：using System.Data.SqlClient;

双击"登录"按钮，编写其单击事件代码：

```
protected void Button1_Click(object sender, EventArgs e)
{
    SqlConnection myCon = new SqlConnection("Server=(local); Database=db_SingleuserLogin;User Id=sa; Password=123456");
    myCon.Open();
    SqlCommand myCom = new SqlCommand("select count(*) from tb_Login where UserID='" + TextBox1.Text.Trim() + "' and UserPwd='" + TextBox2.Text.Trim() + "'",myCon);
    int i = Convert.ToInt32(myCom.ExecuteScalar());
                                           //返回查询结果集的第一行第一列
    if(i>0)
        Response.Redirect("Main.aspx");
    else
        Response.Write("<script language=javascript>alert('你是非法用户或密码错误！')</script>");
    myCon.Close();
}
```

（5）编写"取消"按钮的单击事件

功能：清除已输入的用户名和密码，代码如下：

```
protected void Button2_Click(object sender, EventArgs e)
{
        TextBox1.Text = "";
        TextBox2.Text = "";
}
```

5.4.4 主页面 Main.aspx

在网站中添加主页面文件"Main.aspx"，并进行页面布局。在主页面上只需添加一个 Label 控件，其 Text 值为"这里是主页面！"，如图 5-9 所示。该页面不需要设计其他功能，只是为了表示登录成功而跳转的页面。

图 5-9 "Main.aspx"页面布局

5.4.5 显示运行结果

选中"Login.aspx"页面，双击启动调试按钮或按 F5 键，显示结果如图 5-10 所示，输入正确的用户名和密码，单击"确定"按钮，则跳转到系统的主页面，显示结果如图 5-11 所示。

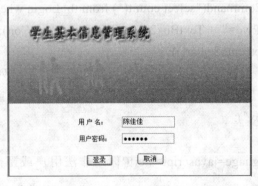

图 5-10 启动 Login.aspx 页面　　　　图 5-11 登录成功，跳转到 Main.aspx 页面

若输入的用户名或密码有错误，显示的结果如图 5-12 所示。

图 5-12 登录失败，显示提示信息

5.5 本章小结

通过本章的学习应掌握编写"登录"功能代码的方法。无论系统的功能多么简单或多么复杂，登录功能的代码都是类似的，即要验证用户信息是否为合法用户。是合法用户就会跳转到系统相应的功能页面；否则，提示输入错误的信息。

验证用户的合法性一般通过以下几个步骤完成：

（1）配置数据库连接

配置连接最简单的语句形式是：

SqlConnection <连接对象名>=new SqlConnection("连接参数")；

而连接参数不可缺少的内容是：

Server=.;Database=<数据库文件名>;User ID=sa;Pwd=<密码>

例句：

SqlConnection myCon = new SqlConnection("Persist Security info=False; Server=(local); Database= db_SingleuserLogin;User Id=sa; Pwd=123456");

连接参数的含义：

Integrated Security/Persist Security info：当为 false 时，应该在数据库连接中指定用户 ID 和密码；当为 true 时，将使用当前的 Windows 身份验证方式连接数据库。该参数的值默认为 false。

Server：要连接的 SQL 实例的网络地址；若要连接本地服务器，可将 Server 的值指为 (local)或.。

User ID：Microsoft SQL Server 登录账户名称。

Password/Pwd：Microsoft SQL Server 账户登录密码。

（2）打开数据库连接

打开数据库连接的语句形式为：

<连接对象名>.Open();

例句：

myCon.Open();

（3）创建 T-SQL 语句操作对象并查询登录的用户记录是否存在

创建一个数据库操作对象并赋予其操作语句参数和连接对象参数，语句形式为：

SqlCommand <操作对象名>=new SqlCommand(<SQL 语句>,<Sql 连接对象名>);

例句：

SqlCommand myCom = new SqlCommand("select count(*) from tb_Login where UserID='" + TextBox1.Text.Trim() + "' and UserPwd='" + TextBox2.Text.Trim() + "'",myCon);

由于上述例句中 SQL 操作的结果是返回符合条件的记录个数，因此，执行查询操作可以使用操作对象的 ExecuteScalar()方法，该方法返回查询结果集的第一行第一列的值。

例句：

int i = Convert.ToInt32(myCom.ExecuteScalar());

只要查询的记录存在，i 的值就会大于 0，若只有一条记录存在，则 i 的值为 1。

（4）根据查询结果决定是否继续下一步操作或显示提示信息

查询成功可执行下一步操作，例如可以使页面跳转到其他页面。

例句：

Response.Redirect("Main.aspx");

查询失败使用消息框显示提示信息，可采用以下语句格式：

Response.Write("<script language=javascript>alert('提示内容')</script>");

例句：

Response.Write("<script language=javascript>alert('你是非法用户或密码错误！')</script>");

（5）关闭数据库连接

<数据库连接对象名>.Close();

例句：

myCon.Close();

5.6 实践活动

1. 在用户登录页面，验证用户的合法性主要通过哪几个步骤进行？
2. 创建数据库连接时，必须配置哪些连接参数？
3. 在本章实例的基础上，进行以下修改：

对数据库的查询操作使用 SqlCommand 对象的 ExcuteRead()方法。

4. 思考：当执行以下这段代码时，若输入的用户信息是错误的，为什么还是跳转到 Main.aspx 页面？应该怎样修改？

SqlConnection myCon = new SqlConnection("Server=(local); Database=db_SingleuserLogin;User Id=sa; Password=123456");

myCon.Open();

SqlCommand myCom = new SqlCommand("select count(*) from tb_Login where UserID='" + TextBox1.Text.Trim() + "' and UserPwd='" + TextBox2.Text.Trim() + "'",myCon);

SqlDataReader dr=myCom.ExecuteReader();
             //执行查询，得到查询数据结果集赋给 SqlDataReader 对象
 if(dr.Read())   //前进到下一条记录

```
        Response.Redirect("Main.aspx");
    else
        Response.Write("<script  language=javascript>alert('你是非法用户或密码错误！
')</script>");
    myCon.Close();        //关闭连接
```

第 6 章 注册模块

本章要点

1. 掌握将客户端输入的信息写入后台数据库
2. 掌握客户端上传文件的方法
3. 学会用 Image 控件显示上传的图片
4. 学会在数据库中存取图片
5. 学会用样式表控制页面元素

系统的注册模块是为了让用户成为合法用户而进行的登记。注册操作允许用户按照页面输入的要求填好数据，通过"提交"将个人信息写入后台数据库文件中，注册成功后就能以合法身份进行系统登录并使用系统提供的功能。一般来说，并不是所有应用系统都必须有注册功能，若系统提供的资源或功能可以为所有用户共享并需要掌握用户的信息时，才有必要提供注册功能；而有些系统属于内部人员使用，就不需要提供注册功能，用户信息是直接存到数据库中的，供验证用户身份时使用；也有些系统不需要用户信息，也就没有必要提供注册和登录功能。

6.1 模块实现目标

本章实例是创建一个学生注册模块。各级各类学校每年都要录取新生，为获取学生的基本信息，采用网上注册的方法，可大大提高数据的输入效率。管理员可以通过后台审核，认定提交的数据正确后再写入相关的文件中。本实例只完成新生自行注册和提交任务，管理员审核功能在后续章节中再讨论。

6.2 数据库设计

新生作为数据库的实体本应该有更多的信息，但为简单起见，仅设计其 E-R 图如图 6-1 所示。

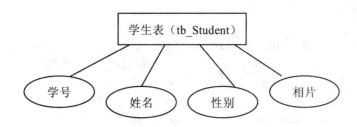

图 6-1 新生表 E-R 图

6.3 模块实现过程

6.3.1 创建网站

在磁盘的某个位置建立文件夹"Register"。打开 Microsoft Visual Studio，执行"文件"→"新建"→"网站"，选择"ASP.NET 网站"模板，选择文件夹"Register"为网站位置，选择语言为"Visual C#"，如图 6-2 所示。

图 6-2 新建网站"Register"

6.3.2 创建数据库文件和表

启动 Microsoft SQL Server，新建数据库文件"db_Register"，保存在网站文件夹"App_Data"中。在数据库文件"db_Register"中创建表"tb_Student"，其结构及说明如表 6-1 所示。

表6-1　tb_Student表结构及说明

字段序号	字段名称	数据类型	说明
1	StudentID	varchar(50)	学号（主键）
2	StudentName	varchar(50)	姓名
3	StudentSex	varchar(50)	性别
4	StudentPhoto	varchar(50)	相片

表结构创建完毕，如图 6-3 所示。

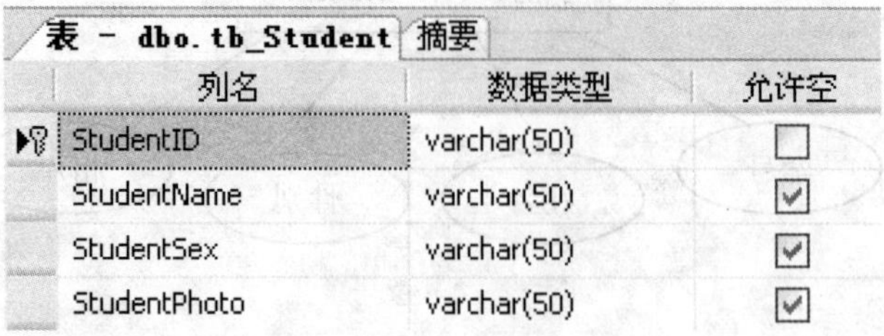

图 6-3　tb_Student 表结构

在数据库中读取图片可以采用两种方法。第一种方法是在数据表中存储图片文件的路径，列名的数据类型设置为字符串类型；第二种方法是将图片文件作为二进制数据流直接存到数据库中，列名的数据类型需要设置为 image 类型。本例采用第一种方法，在章后习题中将本例改为使用第二种方法存取图片。

6.3.3　注册页面 Register.aspx

用户注册页面"Register.aspx"的主要功能是允许新生输入基本信息并上传相片，提交成功后显示提示信息和提交的相片，并将提交的信息作为一条记录写到数据表"tb_Student"中。

【操作步骤】

（1）添加窗体页文件

在网站"解决方案资源管理器"中，执行快捷菜单中的"添加新项"，如图 2-4 所示。

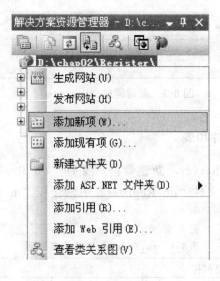

图 6-4　添加新项

在弹出的"添加新项"对话框中，模板选择"Web 窗体"，文件命名为"Register.aspx"，语言选择"Visual C#"，默认选中"将代码放在单独的文件中"，如图 6-5 所示。

图 6-5 创建"Register.aspx"页面

（2）页面控件布局

单击"Register.aspx"文件页面的"源"按钮，切换到源视图画面。在<div></div>之间输入 HTLM 代码，或利用工具箱的服务器控件来设计页面，设计结果如图 6-6 所示。

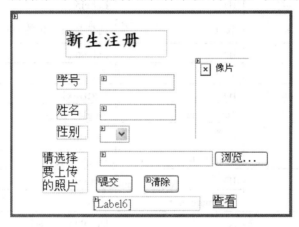

图 6-6 "Register.aspx"页面布局

本页面共包含 7 类共 15 个控件，每个控件的主要属性如表 6-2 所示。

（3）创建和应用样式文件

CSS（Cascading Style Sheet，层叠样式表）是一种为网站添加布局效果的出色工具。简单来说，CSS 是一种样式表语言，用于为 HTML 文档定义布局，涉及字体、颜色、边框、高度、宽度、背景图像、高级定位等方面。在开发.NET 应用程序中，样式用于控制 ASP.NET 页面的外观，是最常见的定义页面元素外观的方式。通过 CSS，可以方便地控制页面中控件的大小、字体风格、颜色等。关于样式文件的编写和使用，本例只做一个简单的应用，要想更全面地了解 CSS 的编写，请参考相关教材和资料。

a）创建样式文件

在网站"解决方案资源管理器"中，执行快捷菜单中的"添加新项"。在弹出的"添加新项"对话框中，选择"样式表"模板，文件命名为"Mystyle.css"，单击"添加"按钮，如图 6-7 所示。

表6-2 设置Register.aspx页面控件的属性

序号	控件类别	控件属性	属性值
1	Panel	ID	Panel1
		BackColor	AliceBlue
		BoderColor	Teal
		BorderStyle	Solid
2	Label	ID	Label1
		Text	新生注册
3	Label	ID	Label2
		Text	学号
4	Label	ID	Label3
		Text	姓名
5	Label	ID	Label4
		Text	性别
6	Label	ID	Label5
		Text	请选择要上传的照片
7	Label	ID	Label6
		Text	空白
8	TextBox	ID	TextBox1
		TextMode	SingleLine
9	TextBox	ID	TextBox2
		TextMode	SingleLine
10	Image	ID	Image1
		AlternateText	相片
11	DropDownList	ID	DropDownList1
		Items	空、男、女（默认选空）
12	FileUpload	ID	FileUpload1
13	Button	ID	Button1
		Text	提交
14	Button	ID	Button2
		Text	清除
15	HyperLink	ID	HyperLink1
		NaviGateUrl	Show.aspx
		Text	查看
		Visible	False

图 6-7 添加样式文件"Mystyle.css"

打开"Mystyle.css",编写代码,如图 6-8 所示。

图 6-8 编辑"Mystyle.css"

b) 应用样式文件

在属性面板中,设计 DOCUMENT 的 StyleSheet 属性值为"Mystyle.css",如图 6-9 所示。打开页面的"源"视图,会看到<head></head>之间自动添加了以下代码。

<head runat="server">
　　<title>无标题页</title>
　　<link href="Mystyle.css" rel="stylesheet" type="text/css" />
</head>

图 6-9 设置文档 StyleSheet 属性　　　　图 6-10 在 Button 控件上使用样式

在页面的"设计"视图下,选中 Button1 控件,在属性面板中设计其 CssClass 属性值为样式文件中的类名"buttonStyle",如图 6-10 所示。对于 Button2 控件的 CssClass 属性设置采用同样方法。

c)显示应用效果

将"Register.aspx"切换到"设计"视图,显示结果如图 6-11 所示。

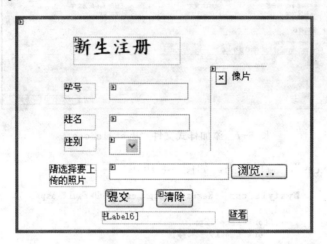

图 6-11 引入了样式文件的"Register.aspx"页面布局

(4)编写"提交"按钮的单击事件

功能:将输入的学号、姓名,选择的性别信息以及上传照片在服务器保存的路径写到数据库文件中,在 Image 控件中显示上传的相片。事件代码如下:

```
protected void Button1_Click(object sender, EventArgs e)
{
        string name = FileUpload1.FileName;              //上传的文件名称
        string paths = "d:\\chap02\\Register\\photo\\" + name;
                            //上传文件到服务器的路径及名称,使用绝对路径
        FileUpload1.SaveAs(paths);                       //保存文件到指定的路径
        paths="~/photo/" + name;                         //保存到数据库中的路径
        SqlConnection conn = new SqlConnection("Server=.; Database= db_Register; User Id=sa;Pwd=123456");      //创建数据库连接对象及连接参数
        conn.Open();                                     //打开连接
        string str = "select count(*) from tb_Student where StudentID='" + TextBox1.Text.Trim() + "'";          //建立 SQL 查询语句
        SqlCommand com = new SqlCommand(str,conn);
                            //创建 SQL 操作对象并赋予操作命令参数和连接参数
        int i = Convert.ToInt32(com.ExecuteScalar());
                            //执行 SQL 操作并获取操作结果的第一行第一列的值
        if (i == 0)         //条件成立说明注册的 StudentID 不重复,可以提交注册信息
```

            {
                com.CommandText = "insert into tb_Student values('" + TextBox1.Text.Trim() + "','" + TextBox2.Text.Trim() + "','" + DropDownList1.SelectedValue + "','" + paths + "')"; //SQL 插入记录命令
                com.ExecuteNonQuery();   //执行插入操作
                Image1.ImageUrl = "~\\photo\\" + name; //在 Image 控件中显示提交的照片
                conn.Close();   //关闭连接
                Label6.Text = "提交成功！";
            }
            else
            {
                Response.Write("<script Language=Javascript>alert('此记录已存在！')</script>");
                Session["studentid"] = TextBox1.Text;
                HyperLink1.Visible = true;
            }
}

（5）编写"清除"按钮的单击事件

功能：删除已输入的用户信息，清空 Image 控件中的照片显示。代码如下：
protected void Button2_Click(object sender, EventArgs e)
{
        TextBox1.Text = "";
        TextBox2.Text = "";
        DropDownList1.SelectedValue = "";
        Image1.ImageUrl = "";
        Label6.Text = "";
}

6.3.4 显示页面 Show.aspx

主要功能是显示用户刚刚注册的信息，用户注册成功后允许查看注册的信息。

【操作步骤】

（1）添加窗体页文件

在网站"解决方案资源管理器"中，利用快捷菜单"添加新项"，创建页面文件"Show.aspx"。

（2）进行页面布局

在"Show.aspx"页面的"设计"视图下，添加一个 Label 控件，并设置其 Text 属性；添加一个 GridView 控件，并进行数据源配置、自动套用格式设置、编辑列、增加模板列等操作。页面布局如图 6-12 所示。

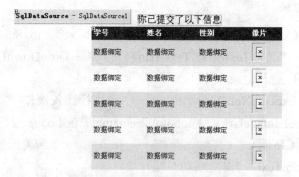

图 6-12 "Show.aspx"页面添加 GridView1 控件

（3）配置数据源

利用 GridView1 控件的智能标签，选择"新建数据源"，弹出数据源配置向导，其中几个关键配置步骤，如图 6-13 至图 6-16 所示。在 GridView1 控件上显示的记录是用户注册的记录，where 子句查询的条件是数据表中学号与用 Session 变量保存的学号相同。

图 6-13 配置数据源主要步骤(1)

图 6-14 配置数据源主要步骤(2)

图 6-15 配置数据源主要步骤(3)

图 6-16 配置数据源主要步骤(4)

（4）编辑列并添加模板列

将 GridView1 控件的列名都编辑为中文，包含学号、姓名、性别，删掉原来"StudentPhoto"列的显示。添加一个模板列，编辑这个模板列，使用 Image 控件，如图 6-17 所示。

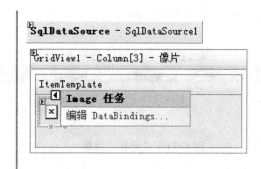

图 6-17 编辑模板列

利用模板列的 Image 控件的智能标签编辑 DataBindings，将其 ImageUrl 属性值绑定为 StudentPhoto 字段，如图 6-18 所示。

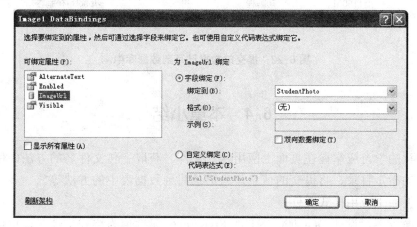

图 6-18 配置模板列 Image 控件的 ImageUrl 属性

6.3.5 显示运行结果

运行网页"Register.aspx"，输入信息，如图 6-19 所示；单击"提交"，显示结果如图 6-20 所示。

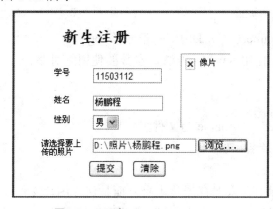

图 6-19 运行"Register.aspx"

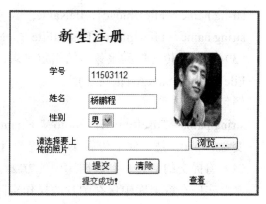

图 6-20 "提交"结果

单击"查看",显示结果如图 6-21 所示。

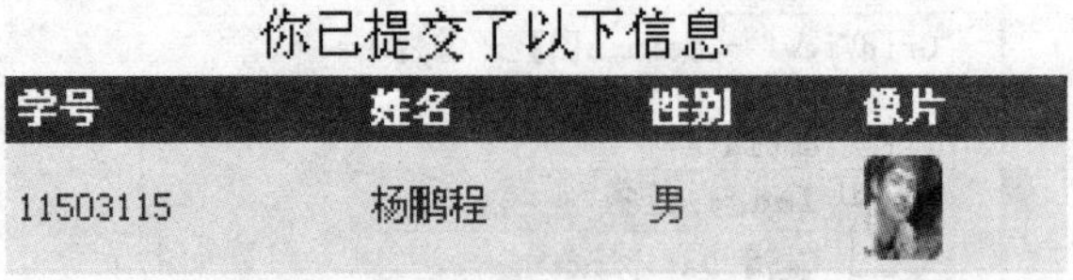

图 6-21 "查看"结果

打开 tb_Student 表,提交的信息已经写到数据库文件中,如图 6-22 所示。

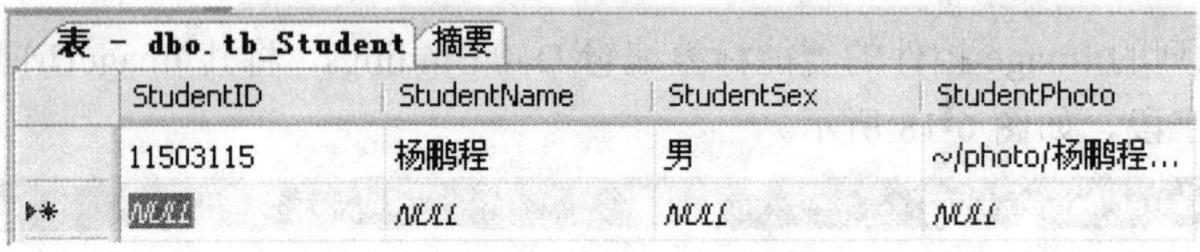

图 6-22 提交的数据已写到数据库中

6.4 本章小结

通过本章的学习应掌握在页面上应用样式文件、获取上传文件名的方法、保存上传文件到服务器的指定目录、将提交的信息作为记录写到数据表中的方法等。

(1) 在页面上应用样式文件

在属性面板中,设计 DOCUMENT 的 StyleSheet 属性值为样式文件名,也可设置控件的 Cssstyle 属性值为样式文件的类名。

(2) 获取上传文件名称的方法是利用上传控件的 FileName 属性

FileUpload1.FileName 获取的是文件名

FileUpload1.PostedFile.FileName 获取的是文件路径+文件名

例句:

string name = FileUpload1.FileName;   // 李菲菲.jpg

string name = FileUpload1.PostedFile.FileName;   // D:\照片\李菲菲.jpg

(3) 保存上传文件到服务器的指定目录,使用 SaveAs 方法,参数要使用绝对路径

FileUpload1.SaveAs(根路径);

例句:

string paths = "d:\\Register\\photo\\" + name;   //name 为文件名

变量名 paths 是文件上传后保存位置的目录名+文件名。

(4) 将提交的信息写到数据库中的方法

本章实例在数据库中保存图片的操作实际上并未保存图片本身,而是保存图片文件存放的路径。若直接将图片存到数据库中应将图片文件转换为二进制数据流,列名的数据类型需要设置为 image 类型。

学习资料

在 Microsoft SQL Server 中存储图片的方法

（1）一般不建议将图片直接存储在数据库中，而是在数据表中创建字段用来存储图片的文件路径。如果非要存储在数据库中，需要在存储之前将图片转为二进制数据流，存到表中的 Image 类型字段中；读取图片时可将读出的二进制数据流保存为图片文件。

（2）图片文件的存放路径可以存储在字符串类型字段中，用相对或绝对路径都可以。但是，若使用 Image 控件显示图片时，必须用相对路径给 Image 控件的 ImageUrl 属性赋值。

（3）Image 类型的字段存储的是二进制数据。将图片文件作为二进制数据流直接存到数据库中，以下给出示例代码，完成将注册的信息作为记录存到数据库表中。

注意：在页面上要引用命名空间 using System.IO。

```
FileStream fs = new FileStream(paths, FileMode.Open, FileAccess.Read);
                                                //创建文件流对象
BinaryReader br = new BinaryReader(fs);         //创建二进制数据读取器
byte[] imgBytesIn=br.ReadBytes((int)fs.Length); //将文件流读入到字节数组中
SqlConnection myCon = new SqlConnection();      //创建数据库连接对象
myCon.ConnectionString = "Persist Security info=False; Server=(local); User Id=sa;
Pwd=123456;Database= db_Register";              //创建连接字符串
myCon.Open();                                   //打开连接
SqlCommand myCom = new SqlCommand();            //创建数据库操作对象
myCom.Connection = myCon;                       //给操作对象的连接属性赋值
myCom.CommandText = "select count(*) from tb_Student where StudentID='" +
TextBox1.Text.Trim() + "'";                     //SQL 语句
myCom.Parameters.Add("@Photo", SqlDbType.Image).Value = imgBytesIn;
                                //将二进制字节数组赋给添加的 image 类型参数
myCom.CommandText = "insert into  tb_Student values('" + TextBox1.Text.Trim() + "','"
+ TextBox2.Text.Trim() + "','" + DropDownList1.SelectedValue + "',@Photo,'"+paths+"')";
                                //插入注册记录的 SQL 语句
myCom.ExecuteNonQuery();    //执行非查询操作
```

（4）将数据库中的 Image 类型的二进制数据流读取出来并保存为图片文件，以下给出示例代码：

```
SqlConnection myCon = new SqlConnection();      //创建数据库连接对象
myCon.ConnectionString = "Persist Security info=False; Server=(local); User Id=sa;
Pwd=123456;Database= db_Register";              //创建连接字符串
myCon.Open();                                   //打开连接
byte[] imgbytesout = null;                      //创建字节数组
SqlCommand myCom = new SqlCommand();            //创建数据库操作对象
myCom.Connection = myCon;                       //给操作对象的连接属性赋值
```

```
    myCom.CommandText = "select * from tb_Student where StudentID='" + Session
["ID"] + "'";
    SqlDataReader dr=myCom.ExecuteReader();
                            //执行 SQL 命令，将结果存到 SqlDataReader 对象中
    dr.Read();    //前进到下一行
    imgbytesout = (byte[])dr[3];    //将 Image 字段写入字节数组中
    string paths = "d:\\Register\\photo\\123.jpg";    //创建文件
    FileStream fs = new FileStream(paths, FileMode.Open, FileAccess.Write);
                                                        //创建文件流对象
    MemoryStream ms = new MemoryStream(imgbytesout);    //创建内存流对象
    BinaryWriter wr = new BinaryWriter(fs,System .Text .Encoding.Unicode);
                                                        //创建二进制写入器
    wr.Write(imgbytesout);        //将二进制流写到文件中
Image1.ImageUrl = paths;          //在 Image 控件中显示图片
```

6.5 实践活动

1. 在本章实例的基础上，修改数据库表 tb_Student 的 StudentPhoto 字段改为 image 类型，再添加一个 PhotoMemo 字段，设为字符串类型，用来存放上传图片文件的相对路径，如图 6-23 所示。

表 - dbo.tb_Student | 摘要

列名	数据类型	允许空
StudentID	varchar(50)	☐
StudentName	varchar(50)	☑
StudentSex	varchar(50)	☑
StudentPhoto	image	☑
PhotoMemo	varchar(50)	☑

图 6-23　修改表结构

2. 在本章实例的基础上，修改页面 Register.aspx 和 Show.aspx，其中 Show.aspx 用来显示所有注册的记录。如图 6-24 和图 6-25 所示。

提示：注册时，需要将上传的图片文件以二进制数据流的形式写到数据表的 StudentPhoto 字段中，同时将文件的相对路径写在 PhotoMemo 字段中。利用在 GridView 控件的模板列中添加 Image 控件的方法，直接在记录中显示相片。

注意：模板列中拖放的控件大小可在 GridView 控件的编辑模板中调整。例如，若使显示的相片大小相同，可采用此方法调整。

新生注册
学号
1003
姓名
李菲菲
性别
女
请选择要上传的照片
浏览...
提交
取消
显示全部
提交成功!

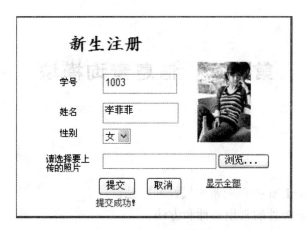

图 6-24　单击“显示全部”按钮

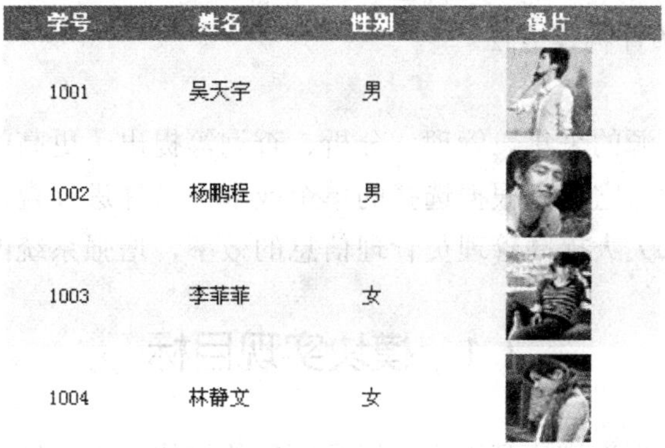

学号
姓名
性别
像片
1001
吴天宇
男
1002
杨鹏程
男
1003
李菲菲
女
1004
林静文
女

图 6-25　显示所有注册记录

第 7 章 信息查询模块

本章要点

1. 掌握 DropDownList 控件的常用属性和方法。
2. 掌握 GridView 控件的常用属性和方法。
3. 掌握适配器对象 SqlDataAdapter 的创建和使用。
4. 掌握内存数据对象 DataSet 的创建和使用。
5. 学会多个查询条件构建方法。

信息时代对信息资源的采集、管理、分析、查询等提出了更高的要求。在信息查询模块中，查询的功能强大，它可以根据选择的单个或多个条件进行查询，查询结果以表格形式显示出来。这样可以大大提高管理员管理信息的效率，增强系统的可用性。

7.1 模块实现目标

管理信息系统中的查询模块是用户使用最频繁的模块。本章针对管理信息系统中信息查询的特点与共性，设计开发了一个可以实现多个条件的并列查询模块。该模块具有独立性好，通用性强，使用方便等特点。本章实例创建的是一个课程查询模块，可以按开课年级、开课学期、课程类别、专业方向、任课教师等关键字查询课程信息。

7.2 数据库设计

7.2.1 数据表 E-R 图

课程表作为本章实例数据库的唯一表，其 E-R 图如图 7-1 所示。

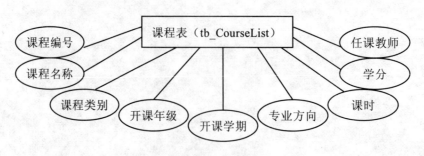

图 7-1 课程表 E-R 图

7.2.2 创建数据库文件和表

启动 Microsoft SQL Server，新建数据库文件"tb_CourseList"，保存在网站文件夹"App_Data"中。在数据库文件 SearchCourse 中创建表"tb_CourseList"，其结构及说明如表 7-1 所示。

表7-1 tb_CourseList表结构及说明

字段序号	字段名称	数据类型	说明
1	CourseID	varchar(50)	课程编号(主键)
2	CourseName	varchar(50)	课程名称
3	CourseSort	varchar(50)	课程类别
4	CourseGrade	varchar(50)	开课年级
5	CourseTerm	varchar(50)	开课学期
6	SpecialtyDirection	varchar(50)	专业方向
7	ClassHour	int	课时
8	CreditHour	float	学分
9	CourseTeacher	varchar(50)	任课教师

表结构创建完毕，如图 7-2 所示。

图 7-2 tb_CourseList 表结构

7.2.3 输入记录

本章实例的课程信息为某个专业的部分课程，如图 7-3 所示。所显示的记录是在 Microsoft SQL Server 中直接输入的。

CourseID	CourseName	CourseSort	CourseGrade	CourseTerm	SpecialtyDirection	ClassHour	CreditHour	CourseTeacher
ART33103C	美术技能基础	专业必修	一年级	第一学期	不限	34	1.5	肖欣
ART33201L	形态构成学	专业选修	二年级	第二学期	多媒体技术	34	2	梅果果
ART35100C	电视画面剪辑艺术	专业选修	三年级	第一学期	多媒体技术	34	2	张琪琪
ART35201C	网页界面策划与艺术…	专业选修	三年级	第一学期	网络应用	51	2	严敏
ART37200C	多媒体画面艺术设计	专业必修	三年级	第一学期	不限	51	2	丁再光
ART45227L	电视节目编导与策划	专业选修	三年级	第一学期	多媒体技术	34	2	张琪琪
ART45228L	摄影技术与艺术	专业选修	三年级	第一学期	多媒体技术	34	2	岳胜佳
ART47201C	影视广告设计	专业选修	四年级	第一学期	多媒体技术	51	2.5	张琪琪
EDU27200L	网络教育应用	专业选修	二年级	第二学期	网络应用	51	2.5	吴旭
EDU37000C	远程教育系统	专业选修	三年级	第二学期	网络应用	34	2	祁键
EDU37200L	现代教育技术学导论	专业必修	一年级	第一学期	不限	34	2	严敏
EIS27300L	多媒体技术基础及应用	专业必修	二年级	第二学期	不限	51	2.5	方子强
EIS35101C	视听语言与制作实践	专业选修	三年级	第二学期	多媒体技术	34	2	张琪琪

图 7-3 输入的记录

7.3 模块实现过程

7.3.1 创建网站

在磁盘的某个位置建立文件夹"InfoList"。打开 Microsoft Visual Studio,执行"文件"→"新建"→"网站",选择"ASP.NET 网站"模板,选择文件夹"InfoList"为网站位置,选择语言为"Visual C#",如图 7-4 所示。

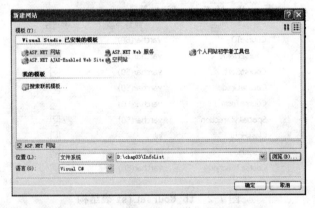

图 7-4 新建网站"InfoList"

7.3.2 课程查询页面 CourseList.aspx

课程查询页面"CourseList.aspx"的主要功能是允许用户选择多个条件查询课程信息,这些条件之间的关系是"与"运算。查询的记录由 GridView 控件以表格的形式显示出来。

【操作步骤】

(1) 添加窗体页文件

在网站"解决方案资源管理器"中,执行快捷菜单中的"添加新项",在弹出的"添加新项"对话框中,模板选择"Web 窗体",文件命名为"CourseList.aspx",语言选择"Visual C#",默认选中"将代码放在单独的文件中",如图 7-5 所示。

第 7 章　信息查询模块　95

图 7-5　创建"CourseList.aspx"页面

（2）页面控件布局

单击"CourseList.aspx"文件页面的"源"按钮，切换到源视图画面。在<div></div>之间输入 HTLM 代码，或利用工具箱的服务器控件来设计页面，设计结果如图 7-6 所示。

图 7-6　"CourseList.aspx"页面布局

本页面共包含 5 类共 17 个控件，每个控件的主要属性如表 7-2 所示。

表 7-2　设置 Register.aspx 页面控件的属性

序号	控件类别	控件属性	属性值
1	Panel	ID	Panel1
		BackColor	White
		BoderColor	White
		BorderStyle	Solid
2	Label	ID	Label1
		Text	课程信息查询
3	Label	ID	Label2
		Text	请您选择条件：
4	Label	ID	Label3
		Text	开课年级

续表

序号	控件类别	控件属性	属性值
5	Label	ID	Label4
		Text	开课学期
6	Label	ID	Label5
		Text	课程类别
7	Label	ID	Label6
		Text	专业方向
8	Label	ID	Label7
		Text	任课教师
9	Label	ID	Label8
		Text	空
10	Button	ID	Button1
		Text	查询
11	Button	ID	Button2
		Text	全部
12	DropDownList	ID	DropDownList1
		Items [0].Text~ Items [4]	不限、一年级、二年级、三年级、四年级
		Items [0].Selected	True
13	DropDownList	ID	DropDownList2
		Items [0].Text~ Items [2]	不限、第一学期、第二学期
		Items [0].Selected	True
14	DropDownList	ID	DropDownList3
		Items [0].Text~ Items [2]	不限、专业必修、专业选修
		Items [0].Selected	True
15	DropDownList	ID	DropDownList4
		Items [0].Text~ Items [3]	不限、多媒体技术、网络应用、不分方向
		Items [0].Selected	True
16	DropDownList	ID	DropDownList5
		Items [0].Text~ Items [18]	不限、丁再光、方子强、宫宝娜、洪峰、李翔、李雪娇、梅果果、祁键、石雨静、宋春丽、吴旭、肖欣、严敏、杨辉、叶文、苑小玉、岳胜佳、张琪琪
		Items [0].Selected	True
17	GridView	ID	GridView1
		BackColor	White
		BoderColor	White
		BorderStyle	Solid

（3）实现"查询"功能的编程思路

功能：按照用户选择的条件查询课程记录

由于 GridView 控件是用来显示"查询"到的课程或"全部"课程,所绑定的数据源不是提前设定的。因此,在 CourseList.aspx 页面运行成功之后是看不到课程信息的,如图 7-7 所示。只有在选择查询条件之后单击"查询"按钮或"全部"按钮之后,GridView 控件才可能显示记录。

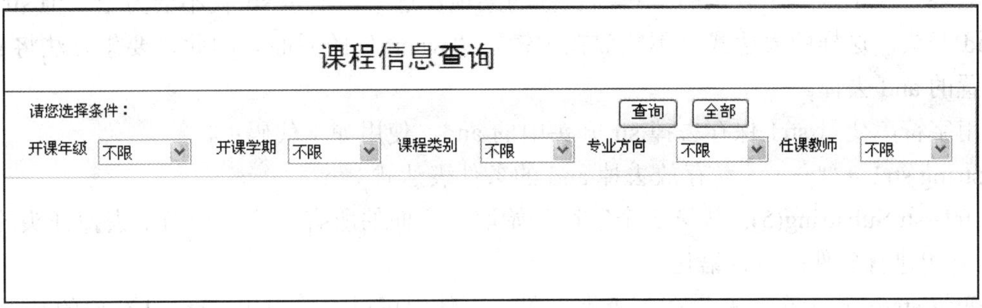

图 7-7 运行 CourseList.aspx 页面

"查询"功能的编程思路如下:

① 根据在页面各个下拉列表框中的选项,确定查询语句的条件表达式,写出查询语句。

a) 构建无条件查询语句

若每个下拉列表框都选择"不限",则属于无条件查询,相当于查询全部记录。无条件查询语句的基本格式如下:

select 字段名 1　别名 1[,字段名 2　别名 2,……,字段名 n　别名 n] from　表名

将无条件查询语句存入到字符串变量 strsql 中,代码如下:

//建立全局变量,存放无条件表达式的查询语句

string strsql="select CourseID 课程编号, CourseName 课程名称, CourseSort 课程类别, CourseGrade 开课年级, CourseTerm 开课学期, ClassHour 学时, CreditHour 学分, SpecialtyDirection 专业方向, CourseTeacher 任课教师 from tb_CourseList";

b) 构建有条件查询语句的条件表达式

若某个下拉列表框选择的不是"不限",则应构建查询的条件表达式,该条件表达式应放在关键字"where"的后面。在多条件查询中,由于各个条件之间是"与"的关系,应该用关键字"and"连接。因此,条件表达式语法格式如下(先不写 where):

……and 字段名 1=字段值 1 and 字段名 2=字段值 2 ……and 字段名 n=字段值 n

将条件表达式存入到字符串变量 str 中,代码如下:

string str = "";　　　　//以 and 开头的条件表达式
if (DropDownList1.SelectedItem.Text!="不限")
　　　str+=" and CourseGrade='"+DropDownList1.SelectedValue+"'";
if (DropDownList2.SelectedItem.Text!="不限")
　　　str+=" and CourseTerm='"+DropDownList2.SelectedValue+"'";
if (DropDownList3.SelectedItem.Text!="不限")
　　　str += " and CourseSort='"+DropDownList3.SelectedValue+"'";

```
if (DropDownList4.SelectedItem.Text!="不限")
    str += " and SpecialtyDirection='"+DropDownList4.SelectedValue+"'";
if (DropDownList5.SelectedItem.Text!="不限")
    str += " and CourseTeacher='"+DropDownList5.SelectedValue+"'";
```

只要有一个或一个以上的下拉列表框的某项被选中，变量 str 就不会为空。但 str 总是以 and 开头，这样的表达式是不能放在关键字"where"的后面。因此，要想办法将 str 开头位置的 and 去掉。

用字符串变量 str1 保存去掉 str 开头中的 and，使用如下代码：

```
string str1 = "";          //存放去掉 and 的条件表达式
str1=str.Substring(5);//从第 5 个字符开始取出后面的所有字符，相当于去掉开头的 and
```

c) 构建有条件的查询语句

变量 strsql 作为全局变量在"查询"单击事件中可以直接引用。strsql 存放的是无条件查询语句，在此基础上加上关键字"where"和变量 str1 存放的条件表达式便构成了完整的条件查询语句，代码如下：

```
strsql+=" where " + str1;//构建带条件表达式的查询语句
```

这样，原来的 strsql 变量中存放的无条件查询语句就变成了标准的含条件的查询语句，注意"where"两边要留有空格。

②创建数据库内存对象并调用共用方法以得到查询结果。

由于"查询"和"全部"按钮的单击事件代码中都需要做以下操作：建立数据库连接对象、打开连接、建立数据库操作对象、将查询结果放入数据内存对象、关闭连接等。将这些操作编写在一个方法中供各个事件调用，代码如下：

```
private DataSet DataBS(DataSet ds,string strsql)
{
    SqlConnection conn = new SqlConnection("server=.;database=SearchCourse;user id=sa;pwd=123456");          //创建连接
    conn.Open();                    //打开连接
    SqlDataAdapter sda = new SqlDataAdapter(strsql, conn);
                                    //创建 SqlDataAdapter 类对象
    sda.Fill(ds, "table");
                //向数据库提交 SQL 命令，将查询结果放入 ds(内存数据对象)中
    conn.Close();                   //关闭连接
    return ds;                      //返回 ds 内存数据对象
}
```

调用 DataBS()方法，需要用内存数据对象和查询语句做实参，代码如下：

```
DataSet ds = new DataSet();    //创建数据库内存对象
DataBS(ds,strsql);             //调用 DataBS()
```

③将查询结果作为数据源绑定在 GridView 控件上，并显示查询到的记录。

如果表达式 ds.Tables[0].Rows.Count!=0 成立，其中 ds.Tables[0].Rows.Count)表示查到

的记录个数，则可以做以下操作：

  GridView1.DataSource = ds.Tables["table"]; //将查询结果作为 GridView 的数据源
  GridView1.DataBind();   //执行绑定方法，在 GridView 上显示数据

否则，应提示查询的记录不存在。

④显示查询到的记录个数：用 Label 控件的 Text 属性显示查询到的记录个数，应使用表达式 ds.Tables[0].Rows.Count 来统计。

以下给出"查询"按钮单击事件的完整代码：

```
protected void Button1_Click1(object sender, EventArgs e)
{
        string str="";          //以 and 开头的条件表达式
        string str1="";         //存放去掉 and 的条件表达式
        if(DropDownList1.SelectedItem.Text!="不限")
            str+=" and CourseGrade='"+DropDownList1.SelectedValue+"'";
        if(DropDownList2.SelectedItem.Text!="不限")
            str+=" and CourseTerm='"+DropDownList2.SelectedValue+"'";
        if(DropDownList3.SelectedItem.Text!="不限")
           str+=" and CourseSort='"+DropDownList3.SelectedValue+"'";
        if(DropDownList4.SelectedItem.Text!="不限")
            str+=" and SpecialtyDirection='"+DropDownList4.SelectedValue+"'";
        if(DropDownList5.SelectedItem.Text!="不限")
            str+=" and CourseTeacher='"+DropDownList5.SelectedValue+"'";
        if (str!="")     //条件成立，相当于查询所有课程记录
        {
            str1=str.Substring(5);
                    //从第 5 个字符开始取出后面的所有字符，相当于去掉开头的 and
            strsql+=" where " + str1;    //构建带条件表达式的查询语句
        }
        DataSet ds = new DataSet();   //创建数据库内存对象
        DataBS(ds,strsql);            //调用 DataBS()
        if (ds.Tables[0].Rows.Count!=0)
        {
            GridView1.DataSource = ds.Tables["table"];
                            //将查询结果作为 GridView 的数据源
            GridView1.DataBind();        //执行绑定方法，在 GridView 上显示数据
        }
        else
        {
            Response.Write("<script language=JavaScript>alert('没有符合条件的记
```

录！');</script>");
```
                    GridView1.Visible = false;         //控件不显示
        }
        Label8.Text="查询结果：共" +ds.Tables[0].Rows.Count+"条记录";
}
```

（4）"全部"按钮的单击事件代码

"全部"功能代码相对来说较为简单，由于已经用全局变量 strsql 存储了无条件查询语句，在执行"全部"功能时，只要建立内存数据对象并调用 DataBS()方法，就可得到查询的结果集。将得到的结果集作为 GridView 控件的数据源属性值，执行 GridView 控件的绑定方法即可显示所有记录。代码如下：

```
protected void Button2_Click(object sender, EventArgs e)
{
        DataSet ds = new DataSet();    //创建数据库内存对象
        DataBS(ds, strsql);            //调用 DataBS()
        GridView1.DataSource = ds.Tables["table"];
                                       //将查询结果作为 GridView 的数据源
        GridView1.DataBind();          //执行绑定方法，在 GridView 上显示数据
        DropDownList1.SelectedValue = "不限";
        DropDownList2.SelectedValue = "不限";
        DropDownList3.SelectedValue = "不限";
        DropDownList4.SelectedValue = "不限";
        DropDownList5.SelectedValue = "不限";
        Label8.Text = "查询结果：共" + ds.Tables[0].Rows.Count + "条记录";
}
```

7.3.3 显示运行结果

运行 CourseList.aspx 页面，选择查询条件，单击"查询"按钮，得到如图 7-8 所示的查询结果。

图 7-8 显示查询示例结果

7.4 本章小结

通过本章的学习应掌握 DropDownList 和 GirdView 控件的使用方法，掌握数据适配器对象类和内存数据对象类的创建和使用，全局变量、公用方法的创建与使用等。

7.4.1 下拉列表框控件 DropDownList

1. 添加选项

使用 DropDownList 控件首先要在列表框中添加选项，添加选项的方法可以直接用控件的 Items 属性，也可以利用数据绑定。

方法一：编辑 DropDownListd 的 Items 属性

选中 DropDownList 控件，在属性面板上选择 Items 选项后面的按钮，弹出如图 7-9 所示的选项编辑窗口。通过"添加"按钮添加选项，在右窗口设置选项的 Text 和 Value 的值，Text 为在控件选项中显示的文本，Value 是与该选项关联的值。Text 和 Value 的值可以相同，也可以不同。Value 的值可以简洁一些，便于在程序中引用。Selected 的值默认为 False，当设为 True 时，该选项是在页面运行成功后显示的项。在一个 DropDownList 控件中，只有一个选项的 Selected 值可设为 true。Enabled 的默认值是 True，若设为 False，则该选项不能启用，且在列表框中也不会看到。

图 7-9 为 DropDownList 添加选项

方法二：数据绑定

DropDownList 控件既支持静态绑定也支持动态绑定。静态绑定是指在页面运行之前用配置数据源的方式绑定数据；动态绑定是指在页面运行之后，靠激活事件代码绑定数据。以下分别给出静态和动态绑定数据的示例。

【例 7-1】静态绑定。

如图 7-10 所示为页面的设计视图，在 DorpDownList 控件中绑定任课教师姓名。

图 7-10　静态绑定数据页面

利用 DropDownList 控件的智能标签可以选择数据源。基于本章实例所使用的数据库，通过新建数据源可以设置要绑定的数据为任课教师姓名。配置数据源的关键步骤，如图 7-11 和图 7-12 所示。

图 7-11　配置数据源

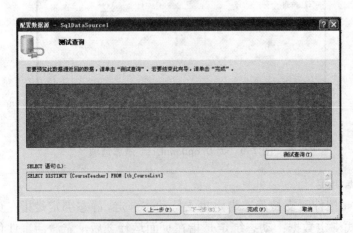

图 7-12　配置数据源完成

由于任课教师的姓名在数据库表中不是唯一的，因此需要选定"只返回唯一行"的复选框。单击图 7-12 中的"完成"，出现如图 7-13 所示的选择数据源画面。

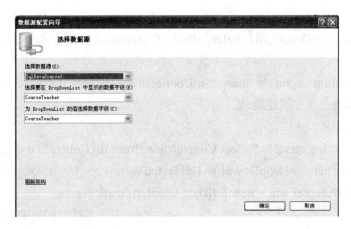

图 7-13　选择数据源

单击"确定",完成数据绑定。运行页面,显示结果如图 7-14 所示。

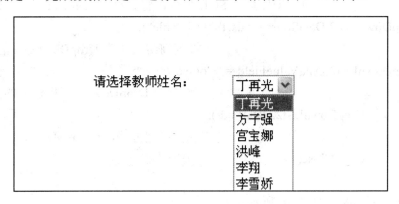

图 7-14　静态绑定页面运行结果

【例 7-2】动态绑定。

在例 7-1 的基础上增加如图 7-15 所示的查询功能。当在第一个 DropDownList 控件中选择了教师的姓名,则在第二个 DropDownList 控件中自动显示该教师担任的课程。

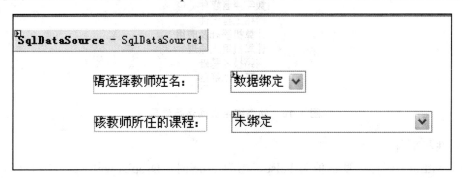

图 7-15　课程显示为动态绑定

利用控件 DropDownList1 的 SelectedIndexChanged 事件,编写在 DropDownList2 控件中动态显示课程信息。双击 DropDownList1 的边框,在 DropDownList2 中动态绑定数据的

代码如下:

```
protected void DropDownList1_SelectedIndexChanged(object sender, EventArgs e)
{
    SqlConnection conn = new SqlConnection("server=.;database=SearchCourse;user id=sa;pwd=123456");   //创建连接
    conn.Open();                                                              //打开连接
    string strsql = "select CourseName from tb_CourseList where CourseTeacher='"+DropDownList1.SelectedValue+"'";   //SQL 语句
    SqlDataAdapter sda = new SqlDataAdapter(strsql, conn);
                                                                              //创建 SqlDataAdapter 类对象
    DataSet ds = new DataSet();              //创建 DataSet 对象
    sda.Fill(ds, "table");
                                //向数据库提交 SQL 命令,将查询结果放入 ds(内存数据对象)中
    DropDownList2.DataSource = ds.Tables["table"];
                                //将查询结果作为 DropDownList 的数据源
    DropDownList2.DataValueField = "CourseName";
                                //设置为 DropDownList 提供值的数据源字段
    DropDownList2.DataBind();
                                //执行绑定方法,在 DropDownList 上显示数据
    conn.Close();                //关闭连接
}
```

运行页面显示效果如图 7-16 所示。

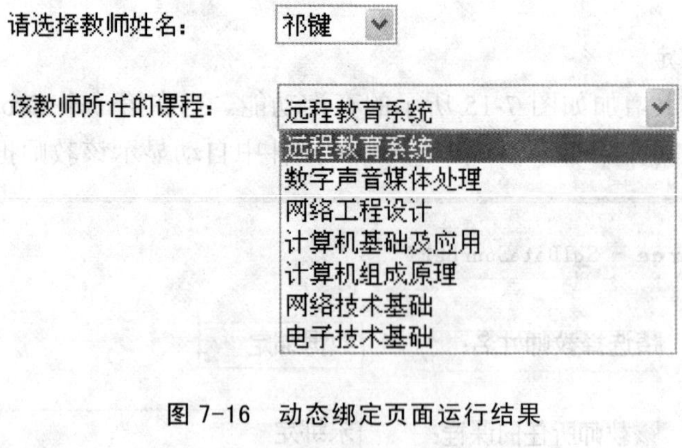

图 7-16 动态绑定页面运行结果

2. 属性和事件

AutoPostBack 属性:默认值为 False,当为 True 时,DropDownList 控件自动将信息发回服务器。

Items 属性:获取控件项的集合,Items[i]表示选项列表中的第 i 项。

例如:DropDownList1.Items[2]在本章实例中表示"二年级"选项。

SelectedIndex 属性:获取选项的索引序号,从 0 开始。

例如：本例中每个 DropDownList 控件的 DropDownList1.SelectedIndex 的值在页面运行之后都是 0。

SelectedItem 属性：获取选择项。

例如：在本章实例中，以下两个表达式是等价。

DropDownList1.SelectedItem.Text!="不限"

!DropDownList1.Items[0].Selected 表示列表框中的首项未被选中

SelectedValue 属性：获取选项的 Value 值，一般在程序中引用。

例如：在本章实例中，用以下表达式确定查询条件。

CourseGrade='"+DropDownList1.SelectedValue+"' 表示年级的值等于选项的 Value 值

DataTextField 属性：获取数据源字段。

例如：DropDownList1.DataTextField =字段名；

SelectedIndexChanged 事件：列表框控件的选择项发生变化时触发。

注意，一定要将控件的 AutoPostBack 属性值设为 True，否则，事件的代码将不会被执行。

7.4.2 网格视图控件 GridView

GridView 是 ASP.NET 2.0 新增加的控件，是最重要的数据控件，以表格的形式在页面上显示，并且用户可以对数据进行增、删、改、查等操作。应用 GridView 控件主要由以下几步组成：

1. 添加控件

使用工具箱或代码添加 GridView 控件，显示结果如图 7-17 所示。

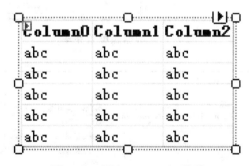

图 7-17 添加 GridView 控件

2. 静态绑定数据

【例 7-3】显示所有开课信息，并能实现课程的修改、删除、排序、分页显示等操作。

利用 GridView 控件的智能标签，即控件右上角的三角标记来配置数据源。在显示的字段中一定要包含主键，否则不能生成如图 7-18 所示的高级操作。在图 7-19 所示的画面中单击"完成"，出现如图 7-20 所示画面。

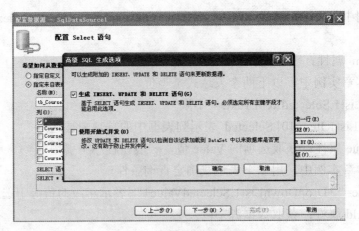

图 7-18 数据源高级配置

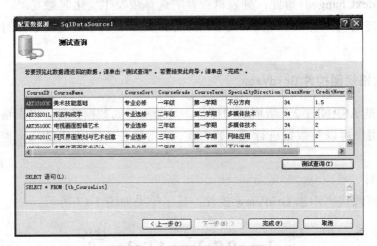

图 7-19 数据源配置完毕

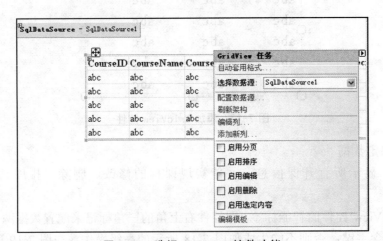

图 7-20 选择 GridView 控件功能

若使页面运行成功之后能够完成分页、排序、编辑、删除、选择等功能，需要选择相应的复选框。数据源配置完成后，页面显示如图 7-21 所示。

	CourseID	CourseName	CourseSort	CourseGrade	CourseTerm	SpecialtyDirection	ClassHour	CreditHour	CourseTeacl
编辑 删除 选择	abc	abc	abc	abc	abc	abc	0	0	abc
编辑 删除 选择	abc	abc	abc	abc	abc	abc	1	0.1	abc
编辑 删除 选择	abc	abc	abc	abc	abc	abc	2	0.2	abc
编辑 删除 选择	abc	abc	abc	abc	abc	abc	3	0.3	abc
编辑 删除 选择	abc	abc	abc	abc	abc	abc	4	0.4	abc

图 7-21　完成数据源配置

运行网页，显示效果如图 7-22 所示。至此，本例功能已设计完成。

	CourseID	CourseName	CourseSort	CourseGrade	CourseTerm	SpecialtyDirection	ClassHour	CreditHour	CourseTeacher
编辑 删除 选择	ART33103C	美术技能基础	专业必修	一年级	第一学期	不分方向	34	1.5	肖欣
编辑 删除 选择	ART33201L	形态构成学	专业选修	二年级	第二学期	多媒体技术	34	2	梅果果
编辑 删除 选择	ART35100C	电视画面剪辑艺术	专业选修	三年级	第一学期	多媒体技术	34	2	张琪琪
编辑 删除 选择	ART35201C	网页界面策划与艺术创意	专业选修	三年级	第一学期	网络应用	51	2	严敏
编辑 删除 选择	ART37200C	多媒体画面艺术设计	专业必修	三年级	第一学期	不分方向	51	2	丁再光
编辑 删除 选择	ART45227L	电视节目编导与策划	专业选修	三年级	第一学期	多媒体技术	34	2	张琪琪
编辑 删除 选择	ART45228L	摄影技术与艺术	专业选修	三年级	第一学期	多媒体技术	34	2	岳胜佳
编辑 删除 选择	ART47201C	影视广告设计	专业选修	四年级	第一学期	多媒体技术	51	2.5	张琪琪
编辑 删除 选择	EDU27200L	网络教育应用	专业选修	二年级	第二学期	网络应用	51	2.5	吴旭
编辑 删除 选择	EDU37000C	远程教育系统	专业选修	三年级	第二学期	网络应用	34	2	祁键
12345									

图 7-22　运行页面效果

显示效果还可以通过控件的智能标签“编辑列”将英文字段名改为中文、调整字段显示顺序、隐藏某些字段的显示等；通过自动套用格式的设置改变显示效果。页面格式改变之后，显示效果如图 7-23 所示。

课程编号	课程名称	课程类别	开课年级	开课学期	专业方向	课时	学分	任课教师	操作
ART33103C	美术技能基础	专业必修	一年级	第一学期	不分方向	34	1.5	肖欣	编辑 删除 选择
ART33201L	形态构成学	专业选修	二年级	第二学期	多媒体技术	34	2	梅果果	编辑 删除 选择
ART35100C	电视画面剪辑艺术	专业选修	三年级	第一学期	多媒体技术	34	2	张琪琪	编辑 删除 选择
ART35201C	网页界面策划与艺术创意	专业选修	三年级	第一学期	网络应用	51	2	严敏	编辑 删除 选择
ART37200C	多媒体画面艺术设计	专业必修	三年级	第一学期	不分方向	51	2	丁再光	编辑 删除 选择
ART45227L	电视节目编导与策划	专业选修	三年级	第一学期	多媒体技术	34	2	张琪琪	编辑 删除 选择
ART45228L	摄影技术与艺术	专业选修	三年级	第一学期	多媒体技术	34	2	岳胜佳	编辑 删除 选择
ART47201C	影视广告设计	专业选修	四年级	第一学期	多媒体技术	51	2.5	张琪琪	编辑 删除 选择
EDU27200L	网络教育应用	专业选修	二年级	第二学期	网络应用	51	2.5	吴旭	编辑 删除 选择
EDU37000C	远程教育系统	专业选修	三年级	第二学期	网络应用	34	2	祁键	编辑 删除 选择
12345									

图 7-23　改变页面显示格式后的运行效果

在例 7-3 中并没有专门设置控件的属性和事件，但在更为灵活和高级的应用中则需要使用控件的属性和事件完成。

3. 动态绑定数据

GridView 控件有以两个重要应用：

DataSource 属性　数据源，用于填充控件的数据

DataBind() 方法　将数据源绑定到控件

在本章实例中，通过查询按钮显示的记录是通过数据的动态绑定完成的。首先将内存数据对象中的查询结果作为数据源赋给 GridView 控件的 DataSource 属性值，然后使用 DataBind()方法将数据源绑定到控件。

例句：

GridView1.DataSource = ds.Tables["table"];//将查询结果作为 GridView 的数据源

GridView1.DataBind();//执行绑定方法，在 GridView 上显示数据

GridView 控件还有一些重要的应用，如列的类型、编辑列的方法、一些方法和事件的使用等。在后面章节的实例中给予介绍。

7.4.3 数据适配器对象 SqlDataAdapter

SqlDataAdapter 对象是解决如何使数据从数据源进入到内存数据对象中。本章实例使用了其重要的 Fill()方法，完成了将查询结果数据集放入内存数据对象中。使用形式：

Fill(内存数据对象名,"数据表名")

例句：

SqlDataAdapter sda = new SqlDataAdapter(strsql, conn);//创建 SqlDataAdapter 类对象

sda.Fill(ds, "table");   //向数据库提交 SQL 命令，将查询结果放入 ds(内存数据对象)中

7.4.4 内存数据对象 DataSet

DataSet 是 ADO.NET 结构的主要组件，是从数据源中检索到的数据在内存中的缓存，可以处理脱机数据。常用属性有 Tables，表示 DataSet 中的表的集合，Tables[0]表示 DataSet 中的第一张表，以此类推。例如，本章实例中的语句：

Label8.Text="查询结果：共"+ds.Tables["table"].Rows.Count+"条记录";

其中的 ds.Tables["table"]也可以写为 ds.Tables[0],若获取 DataSet 表中某个单元格中的数据可以使用如下形式：

ds.Tables[0].Rows[i].ItemArray[j]);

7.4.5 类中全局变量的定义

由于在一个类中可以建立多个方法和事件，若某个变量在多个方法或事件中都可能被引用，则可在类中直接定义变量并给其赋值，这个变量就可看成是类中的全局变量。例如，本章实例中的 strsql 变量存储的是无条件查询语句，放在"查询"和"全部"单击事件代码的外面，当被"查询"事件使用时，需要在 str 的后面加上关键字"where"和查询条件表达式；当在"全部"单击事件中使用时，直接用就可以了。

7.4.6 隐藏类代码文件中方法的创建与调用

一般情况下，在隐藏类代码文件中有些功能可以写成一个方法供不同的事件调用。例如，本章实例中"查询"和"全部"功能都需要连接数据库，进行查询等操作。因此，可以将这些操作写在如下方法中：

//创建数据库操作方法

private DataSet DataBS(DataSet ds,string strsql)

{

```
        SqlConnection conn = new SqlConnection("server=.;database=SearchCourse;user
id=sa;pwd=123456");          //创建连接
        conn.Open();                          //打开连接
        SqlDataAdapter sda = new SqlDataAdapter(strsql, conn);
                                              //创建 SqlDataAdapter 类对象
        sda.Fill(ds, "table");
                  //向数据库提交 SQL 命令,将查询结果放入 ds(内存数据对象)中
        conn.Close();            //关闭连接
        return ds;               //返回 ds
    }
```

7.5　实践活动

1．编写一个课表查询模块,要求根据选择的年级和学期显示相应的课表信息。提示:可将课表作为图片文件用 Image 控件显示。

2．编写一个成绩查询模块,该模块为教师使用。可根据课程名、班级名查询学生成绩,并可排序显示。排序时可按学号、成绩升序或降序。

第 8 章 留言板模块

本章要点

1. 掌握命名空间的定义和类的引用。
2. 掌握使用框架合并多个页面。
3. 掌握三层结构的设计方法。
4. 学会随机类 Random 的使用。
5. 学会实现页面自动刷新技术。

留言板使用数据库汇集每个人的留言,将数据库中的留言信息显示在页面上,以便访问者可以看到。留言板是以文字为主的界面,为访问者提供了一个彼此交流的空间。留言板与 E-mail 都是早期 Internet 最基本的功能,至今仍然被广泛使用。很多网站都提供了留言功能,访问者可以张贴留言,不同的访问者可以同时在线发表留言,达到信息共享与交流的目的。

8.1 模块功能

本模块通过后台数据库的读写将访问者的留言列出。主要功能是:显示留言、张贴留言。用户可以写留言,然后提交留言并保存到数据库中。本留言模块的功能简单点说就是从数据库中读取数据和将数据写入数据库中。具体包括:

用户留言:用户输入留言姓名、验证码、留言内容并提交留言。
显示留言:显示最新 10 条留言并能不断刷新页面。

8.2 模块体系结构

8.2.1 关于多层体系结构

目前常见的网络数据库应用系统体系结构分为"客户机/服务器(Client/Server,简称 C/S)"与"浏览器/服务器(Browser/Server,简称 B/S)"两种模式。相对来说,B/S 模式对用户的技术要求比较低,对前端机的配置要求简单,而且易于进行跨平台部署,容易在局域网与广域网之间进行协调,尤其适合信息发布类应用。例如,一些招聘网站主要采用 B/S 模式,此类网站的特点是客户端分散,且应用方便,只需要进行简单的浏览和少量信息的录入。B/S 模式的应用系统通常建立在广域网上,面向分散地域的不同用户群。

对于较大的系统而言，常常采用多层的体系结构。这种多层的体系结构层与层之间相互独立，任何一层的变化不会影响其他层。

8.2.2 关于分层开发

1. ASP.NET 的三层结构

在基于 B/S 的三层体系结构中，页面显示层、业务逻辑层、数据访问层被分割成三个相对独立的单元。这里所说的三层体系，不是指物理上的三层，而是指逻辑上的三层，即使这三个层放置到一台机器上。

页面显示层　页面显示层位于客户端，由用户操作的页面组成。借助于 Actives、vbscript、Javascript、Javaapplet 等技术可以完成一些简单的客户端处理逻辑。它负责由 Web 浏览器向网络上的 Web 服务器发出服务请求，接收传来的运行结果并显示在 Web 浏览器上。

业务逻辑层　业务逻辑层是用户服务和数据服务的逻辑桥梁。它负责接收远程或本地的用户请求，对用户身份和数据库存取权限进行验证，运用服务器脚本，借助于中间件把请求发送到数据库服务器（即数据访问层），把数据库服务器返回的数据经过逻辑处理并转换成 HTML 及各种脚本传回客户端。

数据访问层　位于最底层，它负责管理数据库，接收 Web 服务器对数据库操纵的请求，实现对数据库查询、修改、更新等功能及相关服务，并把操作结果提交给 Web 服务器。

2. 三层结构各层的依赖关系

页面显示层引用业务逻辑层；业务逻辑层引用数据访问层。页面显示层的作用是表示数据；业务逻辑层的作用是处理数据；数据访问层的作用是访问数据。

3. 三层结构的组织方法

用命名空间组织三层结构，每个命名空间对应相应的层。命名空间应包含类；类中包含方法。公共类的方法可以通过类名引用，而引用类的页面应引用相应的命名空间。将属于业务逻辑层和数据访问层的类文件分别存放在相应的文件夹中。例如，可以将以下形式的代码保存为.cs 文件放在对应的文件夹中。定义命名空间的语法格式：

namespace 空间名称
{
public class 类名
　　{
public 方法类型 方法名（形参表）
　　　{
　　　　……
　　　}
　　}
　……
}

一般情况下，业务逻辑层和数据访问层所包含的是.cs 类文件，将所创建的类文件放在对应层的文件夹中。应用类文件的公共方法时，要通过组织和引用命名空间进行，引用命名空间的语法格式：

using 引用的空间名称；

8.2.3 模块三层结构

1．三层结构图

为了说明多层体系结构各层及其之间的关系，本模块虽然规模不大，但还是采用 B/S 模式的三层体系结构，以便使读者理解三层结构的设计方法。本模块的 Web 系统所采用的 B/S 三层体系结构设计及关系如图 8-1 所示。

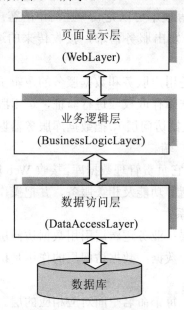

图 8-1　本模块的三层体系结构

2．网站结构组织方法

本章实例采用的三层结构是将业务逻辑层的类文件和数据访问层的类文件放在不同的文件夹中，页面显示层的文件直接放在网站根目录下，具体实现方法如下：

（1）在网站根目录下创建文件夹 App_Code，在 App_Code 中再创建文件夹 DataAccessLayer 和 BussinessLogicLayer。

（2）在 DataAccessLayer 文件夹中添加类文件 Database.cs 以完成数据访问层的功能；在 BussinessLogicLayer 文件夹中添加类文件 Message.cs 以完成业务逻辑层的功能。

（3）页面显示层的文件是指所有的.aspx 文件，直接在网站根目录下添加即可。主要包括四张网页，即 Main.aspx、MessageList.aspx、MessageWrite.aspx 和 Image.aspx，其中 Image.aspx 的作用是产生验证码。

（4）在根目录下添加文件夹 Image，用来存放图像文件 Logo1.jpg。该图像文件是用来作为页面背景的，用户可利用图像处理软件自行创建。

（5）样式文件 Mystyle.css 放在网站根目录下，网站的整个组织结构如图 8-2 所示。

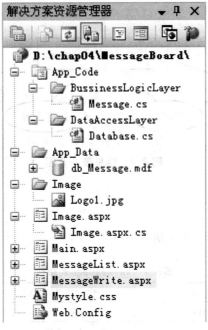

图 8-2 网站的组织结构

8.3 数据库设计

8.3.1 创建网站

在磁盘的某个位置建立文件夹"MessageBoard"。打开 Microsoft Visual Studio,执行"文件"→"新建"→"网站",选择"ASP.NET 网站"模板,选择文件夹"MessageBoard"为网站位置,选择语言为"Visual C#",如图 8-3 所示。

图 8-3 新建网站对话框

8.3.2 数据表 E-R 图

数据库设计是在设计页面之前要完成的操作。数据库文件中只包含一张信息表,信息表的 E-R 图，如图 8-4 所示。

图 8-4　信息表 E-R 图

8.3.3　设计表结构

表 tb_Message 的结构如表 8-1 所示。

表8-1　tb_Message表结构

字段序号	字段名称	数据类型	说明
1	UserID	int	用户 ID，标识列（主键）
2	UserName	varchar(50)	用户名
3	MessContent	text	留言内容
4	Messtime	datetime	留言时间

8.3.4　创建数据库文件

启动 SQL Server 创建数据库文件 db_Message，并保存到网站的 App_Data 文件夹中。在数据库文件 db_Message 下创建数据表 tb_Message，表结构创建完毕如图 8-5 所示。

列名	数据类型	允许空
🔑 UserID	int	☐
UserName	varchar(50)	☑
MessContent	text	☑
Messtime	datetime	☑

图 8-5　tb_Message 表结构

8.4　数据访问层

8.4.1　数据访问层设计

数据访问层 DataAccessLayer 用于数据库数据的读写操作，该层只包含一个类文件 Database.cs。在该类文件中需要创建一些方法以完成建立数据库连接、向数据库提交 SQL 语句并返回相应的操作结果等功能。

8.4.2 创建 Database 类

1．添加类文件

在 DataAccessLayer 文件夹下添加新项，在"选择新项"对话框中选择模板为"类"，给类文件命名为 Database.cs，单击"添加"按钮。如图 8-6 所示。

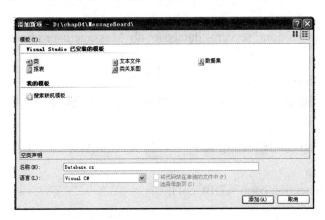

图 8-6 添加 "Database" 类文件

2．引用命名空间

由于类的代码中要使用 ADO.NET 相关对象，需要引用以下命名空间：

using System.Data.SqlClient;

3．类文件结构

将 Database 类的定义代码放在命名空间 MessageBoard.DataAccessLayer 的定义中，代码结构如下：

namespace MessageBoard.DataAccessLayer

{

public class Database

    {

        自定义方法()

           {　　}

    }

}

4．在 Database 类中添加方法

（1）DBCon()方法

功能：返回 SqlConnection 对象的数据库连接参数，属于无参函数。代码如下：

public static SqlConnection DBCon()

{

      SqlConnection conn= new SqlConnection();　　　　//创建连接对象

      conn.ConnectionString="server=.;database=db_ExamOnline;user id=sa; pwd=123456";

```
                                                        //建立连接字符串
            return conn;                                //返回连接对象
}
```

也可以用以下方法直接返回数据库连接字符串：

```
public static SqlConnection DBCon()
{
return new SqlConnection("server=.;database=db_Message;user id=sa;pwd=123456");
}
```

（2）GetDataSet(String)方法

功能：接收传来的 SQL 语句，执行查询操作，返回查询结果集。该方法的参数为字符串类型，代码如下：

```
public DataSet GetDataSet(String sql)    //形参 sql 接收传来的 SQL 语句
    {
        SqlConnection conn = DBCon();
                                //定义一个 SqlConnection 类对象并得到连接字符串
        conn.Open();                     //打开数据库连接
        SqlDataAdapter adapter = new SqlDataAdapter(sql,conn);
                                //定义一个 SqlDataAdapter 类对象,获取 SQL 命令和连接
        DataSet dataset = new DataSet();   //定义一个 DataSet 类对象
        adapter.Fill(dataset);   //向数据库提交 SQL 语句，将查询结果放入 dataset 中
        conn.Close();            //关闭数据库连接
        return dataset;          //返回查询结果数据集
    }
```

（3）ExecuteSQL(String)方法

功能：接收传来的 SQL 语句，执行非查询操作，完成将留言信息写到数据库中的操作。该方法的参数为字符串类型，代码如下：

```
public void ExecuteSQL(string sql)       //形参 sql 接收传来的 SQL 语句
    {
        SqlConnection conn = DBCon();
                                //定义一个 SqlConnection 类对象并得到连接字符串
        conn.Open();                     //打开数据库连接
        SqlCommand cmd = new SqlCommand(sql,conn);
                                //定义一个 SqlDataCommand 类对象,获取 SQL 命令和连接
        cmd.ExecuteNonQuery();           //执行一个非查询命令
        conn.Close();                    //关闭数据库连接
    }
```

8.5 业务逻辑层

8.5.1 业务逻辑层设计

业务逻辑层 BusinessLogicLayer 用于完成模块的基本功能,即显示留言和提交留言操作。该层只包含一个类文件 Message.cs。Message 类位于 MessageBoard.BusinessLogicLayer 命名空间,并且该页面需要引用 MessageBoard.DataAccessLayer 命名空间。

8.5.2 创建 Message 类

1. 添加类文件

在 BusinessLogicLayer 文件夹下添加新项,在"选择新项"对话框中选择模板为"类",给类文件命名为 Message.cs,单击"添加"按钮。如图 8-7 所示。

图 8-7 添加 "Message" 类文件

2. 引用命名空间

业务逻辑层要引用数据访问层,需要引用以下命名空间:

using MessageBoard.DataAccessLayer;

3. 类文件结构

将 Message 类的定义代码放在命名空间 MessageBoard.BusinessLogicLayer 的定义中,代码结构如下:

```
namespace    MessageBoard.BusinessLogicLayer
{
public class Message
    {
        自定义方法()
        {     }
    }
}
```

4. 在 Message 类中添加方法

（1）LoadAll()方法

功能：显示全部留言。该方法没有参数，是静态方法，可以直接被类调用。代码如下：

```
public static DataSet LoadAll()         //静态无参方法
{
        Database db = new Database();        //定义一个 Database 类对象
        string sql = "Select * from tb_Message order by MessTime desc";
                                                        //SQL 查询语句
        DataSet ds = db.GetDataSet(sql);
                        //调用 Database 类的 GetDataSet 方法得到查询结果集
        return ds;                       //返回查询结果集
}
```

（2）Add(string,string,string)方法

功能：提交留言到数据库。该方法的参数为三个字符串类型变量，接收传来的留言时间、留言姓名、留言内容，调用 Database 类中的方法。代码如下：

```
public void Add(string MessTime,string UserName,string MessContent)
{
        Database db = new Database();          //定义一个 Database 类对象
        string sql = "Insert Into tb_Message Values('"+MessTime+"','"+UserName+"',+
'"+MessContent+"')";      //插入记录命令
        db.ExecuteSQL(sql);        //调用 Database 类的 ExecuteSQL 方法
}
```

8.6 页面显示层

8.6.1 页面显示层设计

页面显示层 WebLayer 是在浏览器上显示的页面。主要包括对逻辑层的调用，动态显示数据，为用户提供友好的交互界面。页面显示层的所有页面都在 MessageBoard.WebLayer 命名空间下，若页面需要调用 Message 类，则要引用 MessageBoard.BusinessLogicLayer 命名空间。

8.6.2 提交留言页面 MessageWrite.aspx

1. 添加页面文件，引用命名空间

在网站的根目录下添加 MessageWrie.aspx，需要引用以下命名空间：

using MessageBoard.BusinessLogicLayer;

2. 页面布局

选择 MessageWrite.aspx 页面的"设计"视图，添加 1 个 Panel 控件，在 Panel 控件中

添加 3 个 Label 控件、3 个 TextBox 控件、1 个 Image 控件、1 个 Button 控件。如图 8-8 所示。

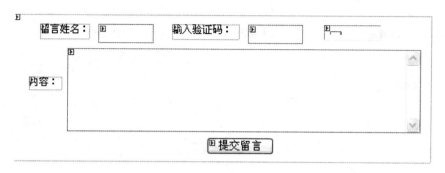

图 8-8 MessageWrite.aspx 页面布局

本页面共包含 5 类共 9 个控件，每个控件的主要属性设置如表 8-2 所示。

表8-2 设置MessageWrite.aspx页面控件的属性

序号	控件类别	控件属性	属性值
1	Panel	ID	Panel1
		BorderStyle	NotSet
2	Label	ID	Label1
		Text	留言姓名：
3	Label	ID	Label2
		Text	输入验证码：
4	Label	ID	Label3
		Text	内容：
5	TextBox	ID	TextBox1
		TextMode	SingleLine
6	TextBox	ID	TextBox2
		TextMode	SingleLine
7	TextBox	ID	TextBox3
		TextMode	MultiLine
8	Image	ID	Image1
		ImageUrl	Image.aspx
9	Button	ID	Button1
		Text	提交留言

页面布局中有两个控件值得注意，一个是显示留言内容的 TextBox3 控件，将其 TextMode 属性值设为 MultiLine，可以使留言内容以多行形式显示，并能自动换行；另一个是 Image 控件，其 ImageUrl 属性值为 Image.aspx。页面运行成功之后，Image 控件上显

示的图像是 Image.aspx 页面运行的结果，而这个结果是一个验证码。MessageWrie.aspx 页面运行后的显示效果如图 8-9 所示。

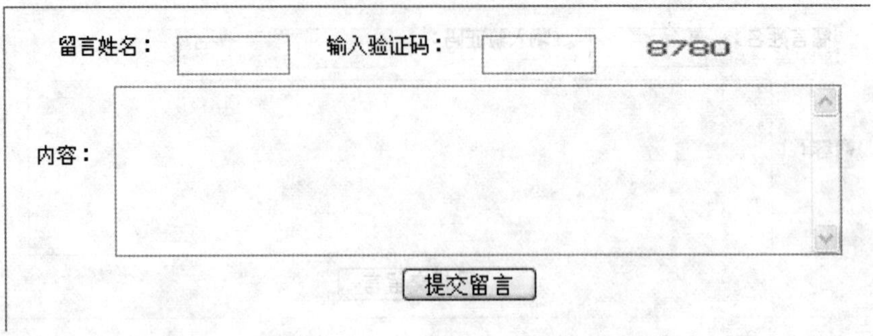

图 8-9 "MessageWrite.aspx"的验证码显示效果

3．"提交留言"按钮的单击事件代码

当用户输入留言姓名、验证码和留言内容之后，单击"提交留言"按钮，系统主要完成以下几项操作：检测输入的验证码与 Image.aspx 页面产生的验证码是否相同，Image.aspx 页面产生的验证码已经用 Session 变量保存起来。若验证码输入正确，则通过调用 Message 类的 Add 方法，将留言姓名、留言内容、当前时间写到数据库表中。否则，输出提示信息。代码如下所示：

```
protected void Button1_Click(object sender, EventArgs e)
{
        if (TextBox2.Text.Trim() != Session.Contents["verify"].ToString())
        {
                Response.Write("<script>alert('验证码错误');</script>");
                                                        //嵌入 JavaScript 语句
        }
        else
        {
                //获取用户输入的留言
                string MessTime=System.DateTime.Now.ToString();    //留言时间
                string UserName=TextBox1.Text.Trim();              //留言姓名
                string MessContent=TextBox3.Text;                  //留言内容
                Message message=new Message();         //创建一个 Message 类对象
                message.Add(MessTime,UserName,MessContent);
                            //调用 Message 类的 Add 方法，向数据库添加留言
                TextBox3.Text = "";                                //清空留言内容
        }
}
```

8.6.3 产生验证码页面 Image.aspx

在网站根目录下添加网页 Image.aspx，该网页不需要设计页面布局。由于页面上的 Image 控件的 ImageUrl 属性值是 Image.aspx，一旦 MessageWrite.aspx 页面运行成功，由 Image.aspx 产生的验证码就会显示在页面的 Image 控件上，也就是说 Image.aspx 页面运行的结果是返回一个图像。这个图像的产生是通过 Image.aspx 的 page_Load 事件。

1. 在 Image.aspx.cs 中引用的命名空间

因为代码中要使用内存数据流对象、画图类对象，还要设置图像格式等，需要应用以下命名空间：

using System.IO;
using System.Drawing;
using System.Drawing.Imaging;

2. 定义命名空间

Image.aspx 属于页面显示层，其 .cs 文件代码结构设置如下：

```
namespace MessageBoard.WebLayer
{
    public partial class Image : System.Web.UI.Page
    {
        //自定义方法；
        protected void Page_Load(object sender, EventArgs e)
        {
        }
    }
}
```

3. Page_Load 事件代码

双击 Image.aspx "设计" 视图页面，进入编写 Page_Load 事件代码位置：

```
protected void Page_Load(object sender, EventArgs e)
{
    string tmp = RndNum();         //调用 RndNum 方法得到验证码
    Session["verify"] = tmp;       //将产生的验证码保存在 Session 变量中
    ValidateCode(tmp);             //调用显示验证码的方法
}
```

从以上代码可以看出，Page_Load 事件主要调用了两个重要方法。一个是产生验证码的 RanNum()方法，另一个是显示验证码的 ValidateCode()方法。这两个方法写在 Image.aspx.cs 文件中。

4. 编写自定义方法

打开 Image.aspx.cs，编写以下两个方法：

（1）RndNum()方法

功能：产生验证码，代码如下：

```csharp
private string RndNum()
{
    Random rd = new Random();                    //定义 Random 类对象
    int i = rd.Next(1000, 9999);                 //产生 4 位随机数
    string VNum = Convert.ToString(i);           //将随机数转换为字符串
    return VNum;                                 //返回字符串随机数
}
```

（2）ValidateCode (string)方法

功能：显示验证码，代码如下：

```csharp
private void ValidateCode(string VNum)
{
    int w = 40, h = 20;                                      //定义两个变量表示图像的大小
    Bitmap Img = new Bitmap(w, h);                           //新建一个 40px×20px 的位图对象
    Graphics g = Graphics.FromImage(Img);                    //将 Img 对象作为一个画图区域
    g.Clear(Color.WhiteSmoke);                               //清除画图区，并以 WhiteSmoke 颜色填充
    Font font = new Font("Tahoma", 9);                       //定义字体对象
    SolidBrush brush = new SolidBrush(Color.Red);            //定义单线红色画笔
    g.DrawString(VNum, font, brush, 1, 1);                   //绘制验证码文字
    MemoryStream ms = new MemoryStream();                    //声明一个内存数据流对象
    Img.Save(ms, ImageFormat.Jpeg);                          //保存图片为 jpg 格式
    Response.ClearContent();                                 //清除缓冲区流中的所有内容输出
    Response.ContentType = "image/jpeg";                     //设置输出流的类型
    Response.BinaryWrite(ms.ToArray());                      //写入输出流
    g.Dispose();                                             //释放对象
    Img.Dispose();                                           //释放对象
    Response.End();                                          //停止网页执行释放对象
}
```

8.6.4 显示留言页面 MessageList.aspx

MessageList.aspx 页面的功能比较简单，按留言时间倒序显示所有留言信息。每条留言包括留言时间、留言姓名、留言内容。

1. 在 MessageList.aspx.cs 中引用的命名空间

Page_Load 事件代码中需要引用业务逻辑层的 Message 类方法，应引用以下命名空间：

using MessageBoard.BussinessLogicLayer;

2. 定义命名空间

MessageList.aspx 属于页面显示层，其.cs 文件代码结构设置如下：

namespace MessageBoard.WebLayer

```
{
public partial class MessageList : System.Web.UI.Page
    {
            自定义方法;
            protected void Page_Load(object sender, EventArgs e)
            {          }
    }
}
```

3．Page_Load 事件代码

利用页面的 Page_Load 事件完成显示所有留言功能。

```
protected void Page_Load(object sender, EventArgs e)
{
DataSet ds = Message.LoadAll();
            //定义 DataSet 类对象，调用 Message 类的方法得到数据结果集
        if (ds != null)
        {
            Response.Write("<br><br>");
            foreach (DataRow dr in ds.Tables[0].Rows)
            {
                Response.Write(dr["MessTime"].ToString());
                Response.Write("  " + dr["UserName"].ToString() + ":     ");
                Response.Write(dr["MessContent"].ToString());
                Response.Write("<br><br>");
            }
        }
}
```

8.6.5 主页面 Main.aspx

Main.aspx 页面利用框架技术将 Messagewrite.aspx 页面和 MessageList.aspx 页面组织在一张页面里。Main.aspx 页面不需要编写功能代码，只需要在页面的"源"视图下用表格布局，HTML 代码如下：

```
<table id="Table1" cellspacing="0" cellpadding="0"   style="width:500px" border="2" align="center">
<tr>
<td align="center">
<asp:Image      id="Image1"     Runat="server"      ImageUrl="~/Image/Logo1.jpg" align="center"></asp:Image>
    </td>
```

```
    </tr>
      <tr>
        <td ><iframe src="Messagewrite.aspx" width="100%" height=220px></iframe></td>
    </tr>
    <tr>
        <td ><iframe src="MessageList.aspx" width="100%"    height=280px></iframe></td>
    </tr>
  </table>
```

注释：

表格布局中的第 1 行添加了一个 Image 控件，它的 ImageUrl 属性值为 "Logo1.jpg"。一般来说，网站中使用的图像文件都可集中放在一个文件夹中。网页加载这些图像文件时路径比较清晰、统一。

表格布局中的第 2 行和第 3 行都是用<iframe></iframe>标记添加了页面，src 参数指明了所要添加的页面，用绝对或相对路径都可以，但页面的内容在 Main.aspx 运行之前是看不到的。

切换到页面的"设计"视图，显示结果如图 8-10 所示。

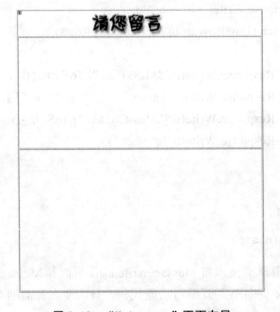

图 8-10 "Main.aspx"页面布局

Main.aspx 页面在运行之后的效果是输入留言、提交留言和显示当前所有留言显示在同一张页面上，如图 8-11 所示。

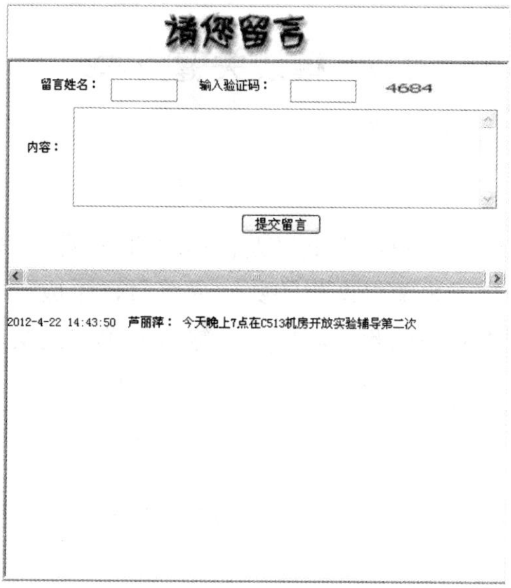

图 8-11 "Main.aspx"的运行效果

8.6.6 模块三层结构的逻辑关系图

模块各层的组成及页面执行过程,如图 8-12 所示。

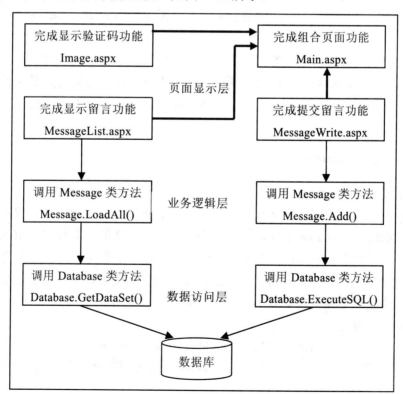

图 8-12 模块三层组织结构及页面执行过程

8.7 模块关键技术

8.7.1 验证码技术

目前，不少网站为了防止用户利用机器人自动注册、登录、灌水等，都采用了验证码技术。所谓验证码，就是将一串随机产生的数字或符号，生成一幅图片。图片里加上一些干扰像素，用户用肉眼识别其中的验证码信息，输入表单并提交网站验证。验证成功后才能继续应用网站功能。

1．常见验证码形式

（1）四位数字

随机的数字字符串，是最原始的验证码，验证作用较差。

（2）随机数字图片验证码

随机数字图片验证码的格式可以是 Gif、Jpeg、Bmp、Png 等。图片上的字符比较中规中矩，验证效果比数字字符串好。若是具备基本的图形图像学知识，容易破解。

（3）随机数字和随机字母组成的图片验证码

整个构图每刷新一次，每个字符还会变换位置，较难破解。

（4）随机数字和随机字母再加上干扰线组成的图片验证码

产生的验证码图片有时候人眼识别起来都有些困难，因此不容易破解。

2．验证码工作流程

服务器端随机生成验证码字符串，保存在内存中（如 Session 变量中），并以图片格式写入数据流，发送到浏览器端。浏览器端用户在文本框中输入验证码并提交到服务器端。提交的验证码和服务器端保存的验证码一致就继续后面的操作，否则，提示验证码输入错误信息。

8.7.2 Iframe 框架技术

1. 什么是 Iframe 框架？

框架是浏览器窗口中的一个区域，使用页面框架布局可以将浏览器分成不同的窗口，达到网站风格的统一。Iframe 框架，又称内嵌框架。其框架的主要标记为 Iframe。在网页中嵌入的<Iframe></Iframe>所包含的内容与整个页面是一个整体，用户可以把 Iframe 布置在网页中的任何位置，包括表格的列中。这种极大的自由度可以给网页设计带来很大的灵活性，所以学会使用它是非常必要的。

2. Iframe 参数设置

<iframe src="Url" width="100%" height=220px></iframe>

src 参数：设置框架中显示的页面路径和名称，可为相对路径也可为绝对路径。

示例代码：

<iframe src="Messagewrite.aspx" width="100%" height=220px></iframe>

8.7.3 页面自动刷新技术

在 MessageList.aspx 页面中按时间降序显示留言,需要每隔一定的事件刷新页面。实现的方法是在 HTML 文件头里增加一个键,使该页面在设定的时间后刷新本页面或跳转到指定的页面。例如:

实现自身页面的刷新可以在页面<head></head>之间使用以下代码:

```
<head runat="server">
<title>无标题页</title>
        <meta http-equiv ="refresh" content ="20"/> <!-- 20 秒钟后刷新本页-->
</head>
```

实现跳转到其他页面的刷新可以在<head></head>之间使用以下代码:

```
<head runat="server">
<title>无标题页</title>
<meta http-equiv ="refresh" content ="20 url=http://www.baidu.com/"><!-- 20 秒钟后刷新转百度首页-->
</head>
```

8.8 本章小结

本章的内容涉及产生验证码的随机类、数据内存表中的行对象、将记录写到数据库等一些知识细节,现小结如下:

(1) 关于 Random 类

随机数的使用很普遍,可用它随机显示图片和产生验证码,防止有人在论坛灌水等。那么如何在一段数字区间内生成随机数,比如在从 1000 到 9999 之间随机生成 4 位整数,作为登录系统的验证码?

.NET 提供了一个专门产生随机数的类 System.Random,编程过程中可以直接使用。其实,计算机并不能产生完全随机的数字,它生成的数字被称为伪随机数,它是以相同的概率从一组有限的数字中选取的,所选的数字并不具有完全的随机性,但就实用而言,其随机程度已经足够用了。使用随机数的方法如下:

①创建随机类对象

Random ran=new Random();

②产生指定范围的随机数

int RandKey=ran.Next(100,999);

Random 类的常用方法:

Next()　　　　返回一个大于或等于零而小于 2,147,483,647 的数

Next(N)　　　返回一个小于所指定最大值随机数

Next(N1,N2)　返回一个指定范围内的随机数

NextBytes()　 用随机数填充指定字节数组的元素

NextDouble() 返回一个介于 0.0 和 1.0 之间的随机数

（2）关于 DataRow 对象

在本章实例显示留言的功能代码中用到了 DataRow 对象，如下所示：

```
foreach (DataRow dr in ds.Tables[0].Rows)//逐行显示留言记录
{
    Response.Write(dr["MessTime"].ToString());
    Response.Write("  " + dr["UserName"].ToString() + "：");
    Response.Write(dr["MessContent"].ToString());
    Response.Write("<br><br>");
}
```

DataRow 类表示 DataTable 中的一行数据，位于 System.Data 命名空间。获取行中某个字段的数据可采用以下代码：

DataRow 对象名["字段名"]

例：dr["UserName"]

（3）关于 SqlCommand 对象的 ExecuteNonQuery()方法

SqlCommand 对象的 ExecuteNonQuery()方法可以执行一个 UpDate、Delete 或 Insert 语句。有时会在一些资料里看到 ExecuteNonQuery()方法是执行了非查询操作，其实执行查询操作也是可以的。这个方法的功能是针对连接对象执行 SQL 语句，返回操作所影响的行。一般情况下，很少用 ExecuteNonQuery()方法去执行查询操作，因为该方法不产生结果集。执行查询操作并返回结果集使用的方法是 ExecuteReader()，其操作结果可以返回给 SqlDataReader 对象，返回的是一个只读数据集。

学习资料

GDI+与图形绘制

GDI+是 GDI(Graphics Device Interface)的改进产品，微软在推出.NET Framework 的同时，打造了一款全新的图形设备接口（GDI+）。它的主要任务是负责系统与绘图程序之间的信息交换，处理所有 Windows 程序的图形输出。作为图形设备接口的 GDI+使得应用程序开发人员在输出屏幕和打印机信息的时候无需考虑具体显示设备的细节，他们只需调用 GDI+库中输出类的一些方法即可完成图形操作。

1. 绘图命名空间

用户所使用的 GDI+方法都保存在 System.Drawing.dll 程序集中。其中包括的命名空间：

System.Drawing

System.Drawing.Text

System.Drawing.Printing

System.Drawing.Imaging

System.Drawing.Drawing2D

System.Drawing.Design

在 Microsoft Visual Studio 的图形编程中，最常用的命名空间是 System.Drawing。

2. 绘图类对象

（1）Bitmap（位图类）

在 System.Drawing 命名空间，Bitmap 表示 GDI+的位图，处理由像素数据定义的图像。创建 Bitmap 类的语句：

例： Bitmap Img = new Bitmap(w, h);//其中 w 和 h 分别代表位图图像的宽和高

（2）Graphics（绘图类）

在 System.Drawing 命名空间，Graphics 类是绘制图形的最核心的类。利用该类提供的多种方法，用户可以绘制出直线、曲线、椭圆等各种图形。由于 Graphics 类的构造函数是私有的，因而 Graphics 类不能直接实例化。创建 Graphics 类对象的语句：

例：Graphics g = Graphics.FromImage(Img); //创建一个绘图画面，将 Img 对象作为一个画图区域

Graphics 对象为那些可以用来绘制文本、线条的图形的方法提供了广泛的分类，还有一些方法用来缩放、变换和测量 Graphics 画布上所拥有的或将要画出的内容。表 8-3 列出了一些最常用的方法。

表8-3 Graphics对象的方法

方法名	描述
Clear	清除整个绘图界面并以指定的背景色对其进行填充
DrawLine	在坐标指定的两点之间画一条线
DrawRectangle	按照指定的坐标、宽度和高度绘制矩形
DrawString	使用指定的 Brush 和 Font 对象，在指定位置绘制指定的文本字符串
FillRectangle	对矩形进行内部填充
MeasureString	当使用指定字体和格式进行绘制时，对指定的字符串进行测量

（3）Font 对象

Font 类用于指定文本格式，就像在其他应用程序中设置字体、字号等操作。Font 的构造函数语法为：

Public sub New (byval prototype As Font,byval newstyle as FontStyle)

创建 Font 类对象的语句：

例：Font font = new Font("Tahoma", 9);　　　　　　//定义字体对象，指明字体和大小

（4）Brush 对象（画刷对象）

Brush 对象用于绘制文本和填充图形（画刷对象）。Brush 对象可以产生实心、阴影、纹理和渐变效果。在 Windows GDI+中拥有数十种画刷样式。大部分 Brush 类都定义在 System.Drawing 命名空间。Brush 类本身不能实例化，一般使用它的派生类。

位于 System.Drawing 命名空间的画刷：SolidBrush（单色画刷）

位于 System.Drawing.Drawing2D 命名空间的画刷：

HatchBrush（阴影画刷）、LinearGradientBrush（颜色渐变画刷）、PathGradientBrush（使用路径及复杂的混合色渐变画刷）

创建 brush 对象：

例：SolidBrush brush = new SolidBrush(Color.Red);　　//定义单线红色画刷

（5）Pen 对象（画笔对象）

Pen 对象用于绘制线条、曲线和轮廓图形，也就是空心图形。为了创建新 Pen 对象，必须指定一种颜色，还要指定宽度值和线条样式属性。创建 Pen 对象：

例：Pen myPen=new Pen(color.Blue);　　　//定义蓝色画笔

3. 使用 GDI+绘制图形的步骤

（1）创建 Graphics 对象；

（2）创建 Brush、Font、Pen 等绘图工具对象；

（3）调用 Graphics 对象的绘图方法绘制图形；

（4）调用 Graphics 对象的 Dispose 方法释放对象。

8.9　实践活动

1. 设计一个网上留言系统，要求用 Microsoft SQL Server 数据库存储作者和留言信息，允许访问者在一张页面上张贴留言，在另一张页面上以分页形式列出留言信息。

2. 在第 1 题的网上留言系统中，如何通过 RadioButtonList 控件显示一组图片？以便使留言者选择头像并能保存头像文件的路径？如何获取留言者的 IP 地址并在留言信息中显示出来？留言信息是通过什么控件列出来的？

第 9 章　多用户登录模块

学习目标

1. 学会设计自动识别身份的登录功能。
2. 学会类中的属性设计。
3. 通过属性接口访问类的私有变量。
4. 掌握页面之间的跳转方法。

多用户登录模块是实现分类验证的登录模块。通过此模块，可以实现对不同身份的登录用户进行验证，确保不同身份的用户使用各自的系统功能。

9.1　模块功能

本模块是一个对学生、教师、管理员三种不同身份验证的登录模块。该模块可以完成一些管理信息系统的登录功能，例如学生成绩管理系统、学生基本信息管理系统、在线考试系统等。具体包括：

输入登录信息。在文本框中输入用户名、密码，在下拉列表框中选择身份。

判断用户身份。根据输入的信息进行用户身份判断，验证成功后进入相应的页面。

9.2　模块体系结构

9.2.1　模块三层结构

本模块采用 B/S 模式的三层体系结构，其 Web 系统的体系结构如图 9-1 所示。

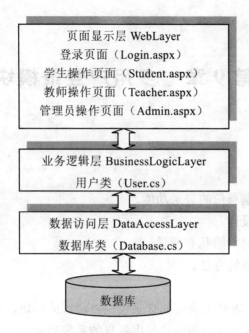

图 9-1 多用户登录模块的三层体系结构

9.2.2 模块文件预览

网站的整个组织结构如图 9-2 所示。

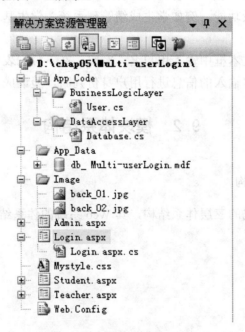

图 9-2 网站的组织结构

9.3 数据库设计

9.3.1 创建网站

在磁盘的某个位置建立文件夹"Multi-userLogin"。打开 Microsoft Visual Studio，执行"文件"→"新建"→"网站"，选择"ASP.NET 网站"模板，选择文件夹"Multi-userLogin"为网站位置，选择语言为"Visual C#"，如图9-3所示。

图 9-3 新建网站对话框

9.3.2 数据表 E-R 图

数据库设计是在设计页面之前要完成的操作。数据库文件中只包含一张信息表，信息表的 E-R 图，如图9-4所示。

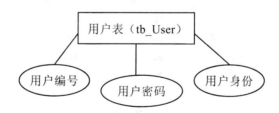

图 9-4 用户表 E-R 图

9.3.3 设计表结构

表 tb_User 的结构如表9-1所示。

表9-1 tb_User表结构

字段序号	字段名称	数据类型	说明
1	UserID	varchar(50)	用户编号（主键）
2	UserPawd	varchar(50)	用户密码
3	UserStatus	varchar(50)	用户身份

9.3.4 创建数据库

1．新建数据库

启动Microsoft SQL Server 创建数据库文件db_ Multi-userLogin，并保存到网站的App_Data 文件夹中。

2．创建表

在数据库文件 db_ Multi-userLogin 下创建数据表 tb_User，表结构创建完毕如图 9-5 所示。

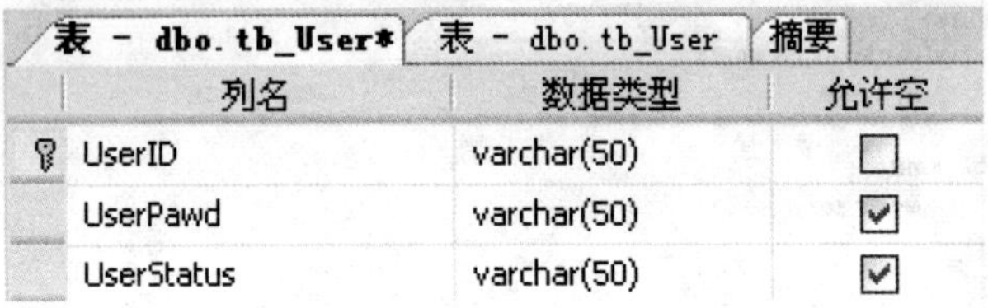

列名	数据类型	允许空
UserID	varchar(50)	☐
UserPawd	varchar(50)	☑
UserStatus	varchar(50)	☑

图 9-5 tb_User 表结构

根据用户名和密码，确认用户合法之后，再判定是什么身份，即用户不需要选择身份即可自动识别出身份，将所有用户都放在同一张表里。

3．输入记录

当系统为内部使用时，往往不需要注册，用户信息都是预先录入的。在 tb_User 表中可以输入不同身份的记录。如图 9-6 所示。

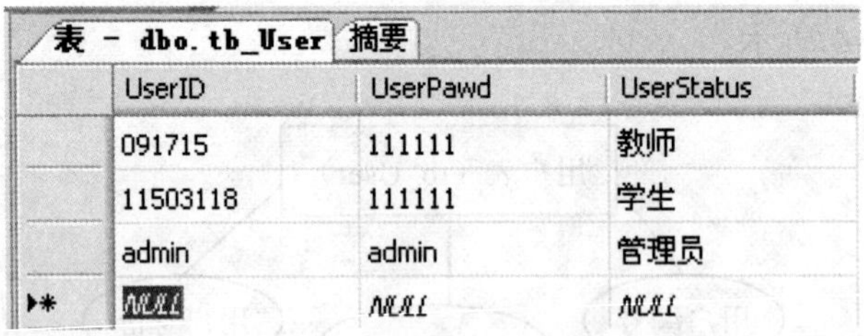

UserID	UserPawd	UserStatus
091715	111111	教师
11503118	111111	学生
admin	admin	管理员
NULL	NULL	NULL

图 9-6 输入记录

9.4 数据访问层

9.4.1 数据访问层设计

数据访问层 DataAccessLayer 用于数据库数据的读写操作，该层只包含一个类文件 Database.cs。其主要功能是建立数据库连接、向数据库提交 SQL 语句并返回相应的操作结果。

9.4.2 创建 Database 类

1. 添加类文件

在 DataAccessLayer 文件夹下添加新项,在"选择新项"对话框中选择模板为"类",给类文件命名为 Database.cs,单击"添加"按钮。如图 9-7 所示。

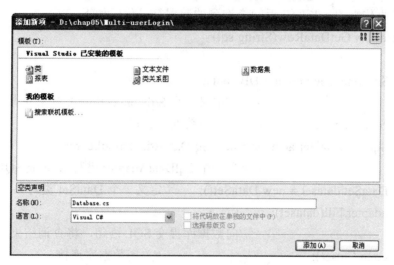

图 9-7 添加"Database"类文件

2. 引用命名空间

由于类的代码中要使用 ADO.NET 相关对象,需要引用以下命名空间:
using System.Data.SqlClient;

3. 类文件结构

将 Database 类的定义代码放在命名空间 Multi-userLogin.DataAccessLayer 的定义中,代码结构如下:

public static SqlConnection DBCon()
namespace Multi_userLogin.DataAccesslayer
{
public class Database
    {
        自定义方法()
            {   }
    }
}

4. 在 Database 类中添加方法

(1) DBCon()方法

功能:返回 SqlConnection 对象的数据库连接参数,属于无参函数。代码如下:
public static SqlConnection DBCon()

{
　　　　return new SqlConnection("server=.;database=db_Multi-userLogin;user id=sa;pwd=123456");
}

（2）GetDataRow(String)方法

功能：接收传来的 sql 语句,返回查询到的数据行。代码如下：

```
public DataRow GetDataRow(String sql)
{
    SqlConnection conn = DBCon();
                              //定义一个 SqlConnection 类对象并得到连接字符串
    conn.Open();              //打开数据库连接
    SqlDataAdapter adapter = new SqlDataAdapter(sql,conn);
                              //定义一个 SqlDataAdapter 类对象,获取 SQL 命令和连接
    DataSet dataset = new DataSet();     //定义一个 DataSet 类对象
    adapter.Fill(dataset);
                              //向数据库提交 SQL 语句,将查询结果放入 dataset 中
    conn.Close();                        //关闭数据库连接
    if (dataset.Tables[0].Rows.Count > 0)   //判断内存数据表中的行数
        return dataset.Tables[0].Rows[0];   //返回查询到的数据行
    else
        return null;         //返回空集
}
```

9.5 业务逻辑层

9.5.1 业务逻辑层设计

业务逻辑层 BussinessLogicLayer 用于模块的基本功能,只包含一个类文件 User.cs。主要功能是调用 Database 类方法,查询记录,将记录的字段值赋给 User 类对象的私有变量。

9.5.2 创建 User 类

1．添加类文件

在 BussinessLogicLayer 文件夹下添加新项,在"选择新项"对话框中选择模板为"类",给类文件命名为 User.cs,单击"添加"按钮。如图 9-8 所示。

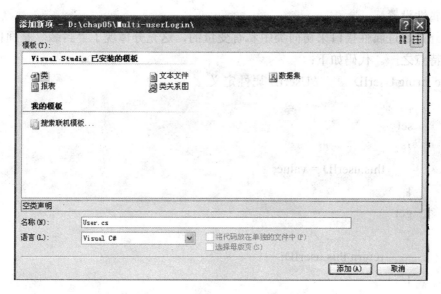

图 9-8 添加 "User" 类文件

2．引用命名空间

业务逻辑层要引用数据访问层，需要引用以下命名空间：

using Multi_userLogin.DataAccesslayer;

3．类文件结构

将 User 类的定义代码放在命名空间 Multi-userLogin.BussinessLogicLayer 的定义中，代码结构如下：

```
namespace   Multi_userLogin.BusinessLogicLayer
{
public class User
    {
//私有变量
        //属性
//自定义方法()
        {   }
    }
}
```

4．在 User 类中添加变量、属性和方法

（1）私有变量设置

在类中设置私有变量，类外不能直接访问。代码如下：

```
private string userID;        //用户名
private string userPawd;      //用户密码
private string userStatus;    //用户身份
private bool exist;           //是否存在标志
```

（2）属性设置

在类外是通过属性接口来访问类中私有变量的，这充分体现了"封装"是面向对象程序设计的特点之一。代码如下：

```
public string UserID         //UserID 属性定义
{
        set
        {
            this.userID = value;
        }
        get
        {
            return this.userID;
        }
}
public string UserPawd     //UserPawd 属性定义
{
        set
        {
            this.userPawd=value;
        }
        get
        {
            return this.userPawd;
        }
}
public string UserStatus    //UserStatus 属性定义
{
        set
        {
            this.userStatus= value;
        }
        get
        {
            return this.userStatus;
        }
}
public bool Exist         //Exist 属性定义
{
```

```
            get
            {
                return this.exist;
            }
        }
```

（3）GetData(string,string)方法

功能：根据用户登录时输入的用户名和密码调用 Database 类的 GetDataRow()方法，若得到返回的查询记录，则将该记录的每个字段，包括身份字段值直接赋给类中的私有变量，以便在类外通过属性接口访问私有变量。代码如下：

```
//根据用户名和密码，将用户基本信息赋值给类的私有变量
public void GetData(string userID,string userPawd)
{
    Database db = new Database();         //实例化一个 Database 类
    string sql = "Select * from tb_User where UserID = '" + userID + "'and UserPawd = '" + userPawd + "'";
    DataRow dr = db.GetDataRow(sql);
                    //利用 Database 类的 GetDataRow 方法查询用户数据
    if (dr != null)    //根据查询得到的数据，给对象成员赋值
    {
        this.userID = dr["UserID"].ToString();
        this.userPawd = dr["UserPawd"].ToString();
        this.userStatus = dr["UserStatus"].ToString();
        this.exist = true;
    }
    else
    {
        this.exist = false;
    }
}
```

9.6 页面显示层

9.6.1 页面显示层设计

本模块的页面显示层 WebLayer 包含 4 张页面，主要是 Login.aspx 页面的设计。其他 3 张页面是不同身份的用户登录成功之后要跳转的相应页面，在本模块中不需要设计它们的功能。页面显示层的所有页面都在 Multi-userLogin.WebLayer 命名空间下。

9.6.2 用户登录页面 Login.aspx

1. 添加页面文件，引用命名空间

在网站的根目录下添加 Login.aspx 文件，在 Login.aspx.cs 页面中引用命名空间：
using Multi-userLogin.BussinessLogicLayer;

2. 页面布局

需要给页面配置一个背景文件，使用如下代码：
<body background="Image/back_01.jpg">
……
</body>

back_01.jpg 是一个 5*5 像素的灰色方块，可以用 Photoshop 软件设计。这个小方块作为页面的背景文件会自动复制直至充满整个页面。页面显示效果如图 9-9 所示。

图 9-9 Login.aspx 页面配置背景文件

选择 Login.aspx 页面的"设计"视图，添加 1 个 Panel 控件，在 Panel 控件中添加 2 个 Label 控件、2 个 TextBox 控件、1 个 Button 控件。如图 9-10 所示。

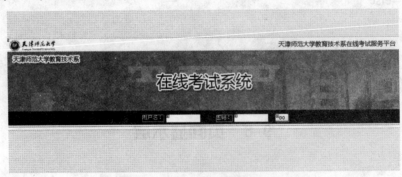

图 9-10 Login.aspx 页面布局

本页面共包含 4 类共 6 个控件，每个控件的主要属性设置如表 9-2 所示。

表9-2 设置Login.aspx页面控件的属性

序号	控件类别	控件属性	属性值
1	Panel	ID	Panel1
		BackImageUrl	back_02.jpg
		Height	200px
		Width	900px
2	Label	ID	Label1
		Text	用户名：
		ForeColor	Gainsboro
3	Label	ID	Label2
		Text	密码：
		ForeColor	Gainsboro
4	TextBox	ID	TextBox1
		BackColor	White
		BorderColor	White
		ForeColor	Black
		BorderWidth	0px
5	TextBox	ID	TextBox2
		BackColor	White
		BorderColor	White
		ForeColor	Black
6	Button	ID	Button1
		Text	GO
		Name	Times New Roman

其中 Panel 控件的 BackImageUrl 属性值设为 back_02.jpg。图像文件 back_02.jpg 可在 Photoshop 软件中设计完成。图像显示效果如图 9-11 所示。

图 9-11 back_02.jpg

3. "GO"按钮的单击事件代码

单击"GO"按钮，主要完成以下几项操作：从页面上获取用户名和密码，调用 User 类方法判断用户是否存在，若存在则确定用户身份并跳转到相应页面；若不存在，则输出提示信息。代码如下所示：

```
protected void Button1_Click(object sender, EventArgs e)
{
```

```csharp
string userid = TextBox1.Text.Trim();        //获取用户输入的用户名
string userpawd = TextBox2.Text.Trim();      //获取用户输入的密码
User user = new User();                      //定义一个类对象 user
user.GetData(userid,userpawd);               //调用 User 类方法，获取用户信息
if (user.Exist)                              //如果用户存在
    switch (user.UserStatus)    //通过属性接口得到用户身份
    {
        case "学生": Response.Redirect("Student.aspx"); break;
        case "教师": Response.Redirect("Teacher.aspx"); break;
        case "管理员": Response.Redirect("Admin.aspx"); break;
    }
{
else
    Response.Write("<Script> alert(\"你不是合法用户！\")</Script>");
}
}
```

9.6.3 学生操作页面 Student.aspx

由于本模块只是介绍登录功能的设计，因此学生页面、教师页面、管理员页面的功能没有进行设计，只是显示了简单文字，以表示相应页面。

学生登录时，系统根据输入的信息自动判断身份，跳转到学生页面，如图 9-12 所示。

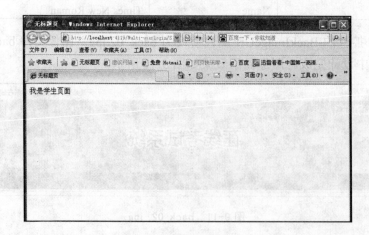

图 9-12 学生页面

9.6.4 教师操作页面 Teacher.aspx

教师登录时，系统根据输入的信息自动判断身份，跳转到教师页面，如图 9-13 所示。

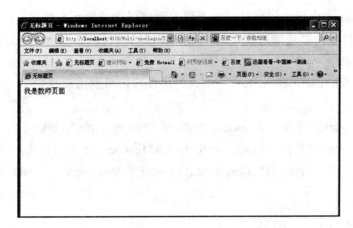

图 9-13　教师页面

9.6.5　管理员操作页面 Admin.aspx

管理员登录时，系统根据输入的信息自动判断身份，跳转到管理员页面，如图 9-14 所示。

图 9-14　管理员页面

9.7　本章小结

本章的内容涉及类中属性的设置、在类方法中用 this 关键字引用类对象、SQL 语句中 C#变量的表示等问题。

9.7.1　关于属性接口

若将变量设为类变量也就是静态变量，方便的是用户可直接读写数据，但也存在着数据不安全隐患；若变量设为对象变量，各个对象可以独立访问，但不利于用户和类之间的整体交互数据。为了解决既要保证数据安全又要使用户和类直接进行交互，C#引入了类中的属性设置。

本模块在 User 类中设置了属性，便于用户通过属性访问私有变量。例如，判断用户是否存在、确定用户身份都是通过属性这个接口完成的。代码如下：

```
if (user.Exist)              //通过属性判断用户存在
        switch (user.UserStatus)    //通过属性接口得到用户身份
        {
                case "学生": Response.Redirect("Student.aspx"); break;
                case "教师": Response.Redirect("Teacher.aspx"); break;
                case "管理员": Response.Redirect("Admin.aspx"); break;
        }
```

9.7.2 关于"this"关键字

在类的方法中出现的 this，表示对调用该方法的对象的引用。例如：

```
User user = new User();              //定义一个类对象 user
user.GetData(userid,userpawd);       //调用类对象 user 的 GetData()方法
```

而在 GetData()代码中的 this 表示对 user 类对象的引用，只能使用 this 或省略不写。GataData()代码如下：

```
        public void GetData(string userID,string userPawd)
        {
                ……
                if (dr != null)      //根据查询得到的数据，给对象私有变量成员赋值
                {
                        this.userID = dr["UserID"].ToString();
                        this.userPawd = dr["UserPawd"].ToString();
                        this.userStatus = dr["UserStatus"].ToString();
                        this.exist = true;
                }
                else
                {
                        this.exist = false;
                }
        }
```

9.7.3 SQL 语句中 C#变量的表示

在 User 类 GetData()方法中的 SQL 查询语句：

```
string sql="Select * from tb_User where UserID='"+userID+"'and UserPawd='"+userPawd+"'";
```

其中"+userID+"和"+userPawd+"分别表示 C#的变量值，注意变量名要区分大小写，而 SQL 命令本身是不区分大小写的。变量名两侧所加的符号是按.NET 系统的语法格式要求的。

9.8 实践活动

1. 创建一个管理信息系统的登录模块,要求至少有 3 种用户。用户身份可以在登录页面选择,登录成功后,根据不同用户身份进入相应操作页面。

2. 创建一个 Circle 类,编写私有变量、属性和方法,其中方法用于计算圆的周长和面积。再创建一个窗体页.aspx,在其隐藏类代码文件中声明 Circle 类对象,根据输入的半径计算圆的周长和面积并显示结果。窗体页运行结果如图 9-15 所示。

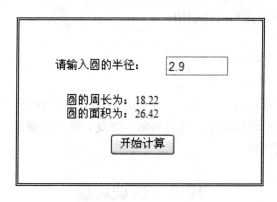

图 9-15 窗体页运行结果

提示:在 C#.NET 中,类文件一般都是放在 App_Code 文件夹中。App_Code 文件夹是微软专门存放自定义类和.cs 代码文件的,网页如果和 App_Code 文件夹在同一个网站下可以直接访问类。

第 10 章　网上论坛模块

本章要点

1. 学会命名空间的定义和类的引用。
2. 学会使用哈希表。
3. 掌握 Session 对象的使用。

当前流行的各大网站都有论坛模块，论坛模块也可独立作为一个完整的网站。一般情况下完成的功能可包括：浏览帖子、发表新帖、回复、修改和删除帖子；支持新用户注册；支持匿名登录并可发表新帖。

10.1　模块功能

本模块将实现一个支持用户登录和注册的电子论坛系统，主要功能如下。

（1）用户注册和登录：用户可注册为合法用户；已注册用户可直接登录；支持匿名登录。
（2）浏览帖子：浏览帖子列表。
（3）发布新帖：合法用户和匿名用户都可发帖，内容包括标题和正文。
（4）帖子详细信息：显示某个帖子的详细信息，包括该帖的全部回帖信息。
（5）修改帖子：修改已发布的帖子，并保证用户只能修改自己发布的帖子。
（6）删除帖子：删除已发布的帖子，并保证用户只能删除自己发布的帖子。
（7）回复帖子：可回复任何人发布的帖子，回帖包括标题和正文。

10.2　模块体系结构

10.2.1　模块三层结构

本模块采用 B/S 模式的三层体系结构，其 Web 系统的体系结构如图 10-1 所示。

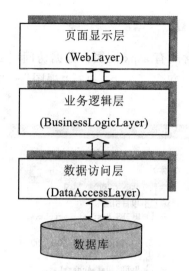

图 10-1　论坛模块的三层体系结构

10.2.2　模块文件预览

网站的整个组织结构如图 10-2 所示。

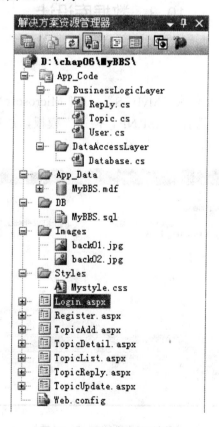

图 10-2　网站的组织结构

10.2.3 三层结构的类视图

页面显示层 WebLayer 包含所有.aspx 网页；数据访问层 DataAccessLayer 包含一个类；业务逻辑层 BusinessLogicLayer 包含三个类。执行"视图"→"类视图"，显示结果如图 10-3 所示。

图 10-3 三层结构的类视图

10.3 数据库设计

10.3.1 创建网站

在磁盘的某个位置建立文件夹"MyBBS"。打开 Microsoft Visual Studio，执行"文件"→"新建"→"网站"，选择"ASP.NET 网站"模板，选择文件夹"MyBBS"为网站位置，选择语言为"Visual C#"，如图 10-4 所示。

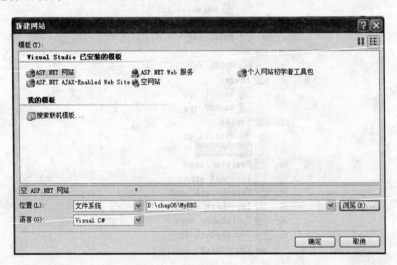

图 10-4 "新建网站"对话框

10.3.2 数据表 E-R 图

数据库文件包含三张表：用户表、主题表、回复主题表。这三张表的 E-R 图，如图 10-5、图 10-6、图 10-7 所示。

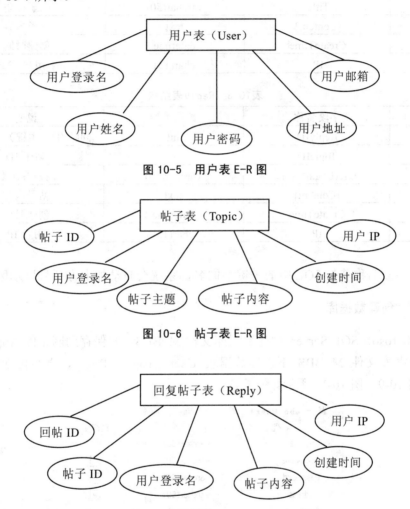

图 10-5　用户表 E-R 图

图 10-6　帖子表 E-R 图

图 10-7　回复帖子表 E-R 图

10.3.3 设计表结构

表 User、Topic、Reply 的结构如表 10-1、表 10-2、表 10-3 所示。

表10-1　User 表结构

字段序号	字段名称	数据类型	说明
1	LoginName	varchar(50)	用户登录名（主键）
2	UserName	varchar(50)	用户姓名
3	Password	varchar(50)	用户密码
4	Address	varchar(50)	用户地址
5	Email	varchar(50)	用户邮箱

表10-2 Topic表结构

字段序号	字段名称	数据类型	说明
1	TopicID	int	帖子 ID（主键），标识列
2	UserLoginName	varchar(50)	用户登录名
3	Title	varchar(50)	帖子标题
4	[Content]	text	帖子内容
5	CreateTime	datetime	创建时间
6	IP	char(15)	用户 IP

表10-3 Reply表结构

字段序号	字段名称	数据类型	说明
1	ReplyID	int	回帖 ID（主键），标识列
2	TopicID	int	帖子 ID
3	UserLoginName	varchar(50)	用户登录名
4	[Content]	text	帖子内容
5	CreateTime	datetime	创建时间
6	IP	char(15)	用户 IP

注释：字段名称若与 SQL 中的关键字同名，系统会自动加上方括号以示区别。

10.3.4 创建数据库

启动 Microsoft SQL Server 创建数据库文件 MyBBS，并保存到网站的 App_Data 文件夹中。在数据库文件 MyBBS 下创建数据表 User、Topic、Reply，表结构创建完毕，如图 10-8、图 10-9、图 10-10 所示。

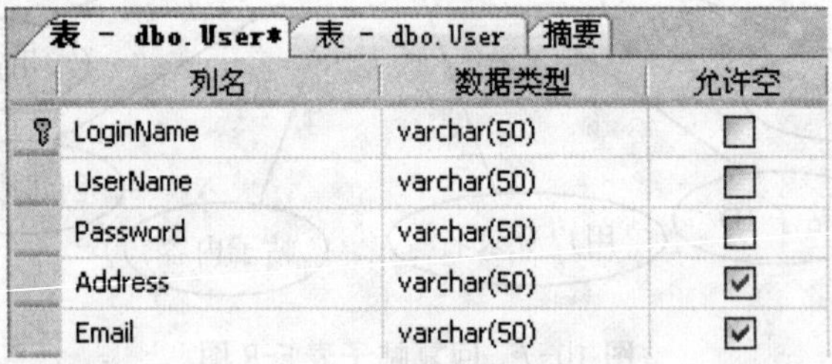

图 10-8 User 表结构

图 10-9 Topic 表结构

表 - dbo.Reply | 摘要

列名	数据类型	允许空
ReplyID	int	☐
TopicID	int	☑
UserLoginName	varchar(50)	☑
[Content]	text	☑
CreateTime	datetime	☑
IP	char(15)	☑

图 10-10　Reply 表结构

10.4　数据访问层

10.4.1　数据访问层设计

数据访问层 DataAccessLayer 用于数据库数据的读写操作，该层只包含一个类文件 Database.cs。类中设计了多个方法，其主要功能包含建立数据库连接、返回 SQL 查询结果、执行插入和更新等操作。

10.4.2　创建 Database 类

1．添加类文件

在 DataAccessLayer 文件夹下添加新项，在“选择新项”对话框中选择模板为“类”，给类文件命名为 Database.cs，单击“添加”按钮。如图 10-11 所示。

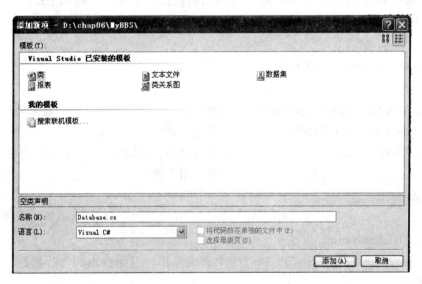

图 10-11　添加“Database”类文件

2．引用命名空间

由于类的代码中要使用 ADO.NET 相关对象，需要引用以下命名空间：

using System.Data.SqlClient;

3．类文件结构

将 Database 类的定义代码放在命名空间 MyBBS.DataAccessLayer 的定义中，代码结构如下：

```
namespace MyBBS.DataAccesslayer
{
public class Database
    {
        //自定义方法()
        {    }
    }
}
```

4．在 Database 类中添加方法

（1）DBCon()方法

功能：返回 SqlConnection 对象的数据库连接参数，该方法无参数。代码如下：

```
public static SqlConnection DBCon()
{
    return new SqlConnection("server=.;database=MyBBS;user id=sa;pwd=123456");
}
```

（2）GetDataSet(string)方法

功能：接收传来的 SQL 语句，返回查询到的数据结果集。代码如下：

```
public DataSet GetDataSet(string SqlString)
{
SqlConnection conn = DBCon();            //建立连接
conn.Open();                             //打开连接
SqlDataAdapter adapter = new SqlDataAdapter(SqlString,conn);   //建立适配器对象
DataSet dataset = new DataSet();         //建立数据内存对象
adapter.Fill(dataset);                   //执行 SQL 操作，将结果放到内存对象中
conn.Close();                            //关闭连接
return dataset;                          //返回查询结果
}
```

（3）GetDataRow(string)方法

功能：接收传来的 SQL 语句，执行一个查询操作，返回查询的一行数据。
代码如下：

```
public DataRow GetDataRow(string SqlString)     //返回查询的一行数据
{
DataSet dataset = GetDataSet(SqlString);        //建立数据内存对象，得到查询结果数据集
    if (dataset.Tables[0].Rows.Count>0)         //若返回数据集结果的行数大于 0
```

```
            return dataset.Tables[0].Rows[0];        //返回数据结果集的第条记录
        else
            return null;                              //返回空集
}
```

（4）ExecuteSQL(String)

功能：接收传来的一条 SQL 语句，执行相应的操作。形参为字符串，在本类中为重载方法。代码如下：

```
public void ExecuteSQL(String SqlString)        //形参为字符串类对象，重载函数
{
        SqlConnection conn = DBCon();
        conn.Open();
        SqlCommand cmd = new SqlCommand(SqlString, conn);
        cmd.ExecuteNonQuery();
}
```

（5）Insert(string,Hashtable)方法

功能：接收传来的数据表名称和哈希表对象，构建插入语句，调用执行方法。代码如下：

```
public void Insert(String TableName, Hashtable ht)
{
        int n = 0;
        //构建插入语句
        string Fields = " (";
        string Values = " Values(";
        foreach (DictionaryEntry item in ht)
        {
            if (n != 0)
            {
                Fields += ",";
                Values += ",";
            }
            Fields += item.Key.ToString();
            Values += item.Value.ToString();
            n++;
        }
        Fields += ")";
        Values += ")";
        string SqlString = "insert into " + TableName + Fields + Values;
        //执行插入
```

```
            ExecuteSQL(SqlString);
}
```

（6）ExecuteSQL(ArrayList)方法

功能：接收传来的多条 SQL 语句，执行相应的操作。形参为集合中的列表类对象，在本类中为重载方法。代码如下：

```
public void ExecuteSQL(ArrayList SqlStrings)      //形参为列表类对象，重载方法
{
SqlConnection conn = DBCon();
        conn.Open();
SqlCommand cmd = new SqlCommand();
        cmd.Connection = conn;
        foreach (String str in SqlStrings)
        {
             cmd.CommandText=str;
cmd.ExecuteNonQuery();
        }
        conn.Close();
}
```

（7）Update(String,Hashtable,String)方法

功能：本方法有三个形参：表名、哈希表、条件表达式。代码如下：

```
public void Update(String TableName,Hashtable ht,String Where)
{
int n=0;
    string Fields=" ";
        foreach(DictionaryEntry item in ht)
        {
            if (n!=0)
                Fields += ",";
            Fields += item.Key.ToString();
            Fields += "=";
            Fields += item.Value.ToString();
            n++;
        }
        Fields+=" ";
        string SqlString="Update "+TableName+" Set "+Fields+Where;
         ExecuteSQL(SqlString);
}
```

10.5 业务逻辑层

10.5.1 业务层设计

业务逻辑层 BussinessLogicLayer 用于实现模块的基本功能，包含三个类文件 User.cs、Topic.cs 和 Reply.cs。

10.5.2 创建 User 类

1．添加类文件

在 BussinessLogicLayer 文件夹下添加新项，在"选择新项"对话框中选择模板为"类"，给类文件命名为 User.cs，单击"添加"按钮。如图 10-12 所示。

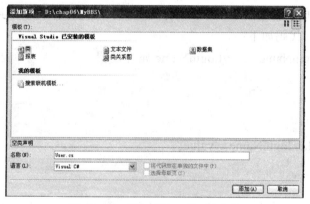

图 10-12　添加"User"类文件

2．引用命名空间

由于在类文件中要使用哈希表对象和引用数据访问层，因此需要引用以下命名空间：
using System.Collections;
using MyBBS.DataAccessLayer;

3．类文件结构

User 类位于 MyBBS.BussinessLogicLayer 空间内，主要成员包含私有变量、属性和方法。用 namespace MyBBS.BusinessLogicLayer{}命名。代码结构如下：
namespace MyBBS.BusinessLogicLayer
{
public class User
　　{
私有变量
　　　　属性
自定义方法()
　　　　{　}

                }
        }

4. 在 User 类中添加变量、属性和方法

（1）私有变量设置

在类中设置私有变量，类外不能直接访问。代码如下：

```
private string loginName;      //用户登录名
private string userName;       //用户姓名
private string password;       //用户密码
private string address;        //用户地址
private string email;          //用户 Email
private bool exist;            //是否存在标志
```

（2）属性设置

在类外是通过属性接口来访问类中私有变量的，这充分体现了"封装"是面向对象程序设计的特点之一。代码如下：

```
public string LoginName        //LoginName 属性设置
    {
        set
        {
            this.loginName = value;
        }
        get
        {
            return this.loginName;
        }
    }
public string UserName         //UserName 属性设置
    {
        set
        {
            this.userName = value;
        }
        get
        {
            return this.userName;
        }
    }
public string Password         //Password 属性设置
    {
```

```
            set
            {
                    this.password = value;
            }
            get
            {
                    return this.password;
            }
    }
    public string Address      //Address 属性设置
    {
            set
            {
                    this.address = value;
            }
            get
            {
                    return this.address;
            }
    }
    public string Email        //Email 属性设置
    {
            set
            {
                    this.email = value;
            }
            get
            {
                    return this.email;
            }
    }
    public bool Exist          //Exist 属性设置
    {
            get
            {
                    return this.exist;
            }
    }
```

（3）LoadData(String) 方法

功能：接收用户登录名，调用 Database 类的 GetDataRow()方法。若得到返回的查询记录，则将该记录的每个字段值直接赋给类中的私有变量，以便在类外通过属性接口访问私有变量。代码如下：

```
public void LoadData(String loginName)   //接收用户登录名
{
    Database db=new Database();         //声明一个 Database 类对象 db
    string sql="";
    sql="Select * from [User] where LoginName="+"'"+loginName+"'";
    DataRow dr=db.GetDataRow(sql);
                //利用 Database 类的 GetDataRow 方法得到查询的一行数据
    if(dr!=null)      //查询记录存在，将字段值赋给 User 对象的各个私有变量
    {
        this.loginName=dr["loginName"].ToString();
        this.userName=dr["UserName"].ToString();
        this.password=dr["PassWord"].ToString();
        this.address=dr["Address"].ToString();
        this.email=dr["Email"].ToString();
        this.exist=true;
    }
    else
    {
        this.exist=false;
    }
}
```

（4）UserExist(String)方法

功能：查询用户名是否存在，返回 true 或 false。代码如下：

```
public static bool UserExist(String loginName)
{
    Database db=new Database();
    string sql="";
    sql="Select * from [User] where [LoginName]='"+loginName+"'";
    DataRow row=db.GetDataRow(sql);
    if (row!=null)
        return true;
    else
        return false;
}
```

（5）Add (Hashtable)方法

功能：接收哈希表对象，完成插入记录将注册信息添加到数据表中。代码如下：

```
public void Add(Hashtable userInfo)
{
    Database db = new Database();         //实例化一个 Database 类
    db.Insert("[User]", userInfo);         //利用 Database 类的 Insert()方法插入记录
}
```

10.5.3 创建 Topic 类

1．添加类文件

在 BussinessLogicLayer 文件夹下添加新项，在"选择新项"对话框中选择模板为"类"，给类文件命名为 Topic.cs，单击"添加"按钮。如图 10-13 所示。

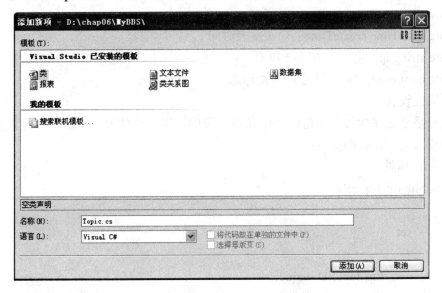

图 10-13 添加"Topic"类文件

2．引用命名空间

由于在类文件中要使用哈希表对象和引用数据访问层，因此需要引用以下命名空间：

```
using System.Collections;
using MyBBS.DataAccessLayer;
```

3．类文件结构

将 Topic 类定义代码放在命名空间 MyBBS.BussinessLogicLayer 定义中，代码结构如下：

```
namespace MyBBS.BusinessLogicLayer
{
public class Topic
{
//私有变量
```

```
           //属性
//自定义方法()
           {      }
    }
}
```

4．在 Topic 类中添加变量、属性和方法

（1）私有变量设置

在类中设置私有变量，类外不能直接访问。代码如下：

```
//私有变量
private int topicID;                //帖子 ID
private string userLoginName;       //用户 ID
private string title;               //标题
private string content;             //内容
private DateTime createTime;        //发表时间
private string ip;                  //用户 IP
private bool exist;                 //是否存在标志
```

（2）属性设置

在类外是通过属性接口来访问类中私有变量的，这充分体现了"封装"是面向对象程序设计的特点之一。代码如下：

```
//TopicID 属性
    public int TopicID
    {
        set
        {
            this.topicID=value;
        }
        get
        {
            return this.topicID;
        }
    }
//UserLoginName 属性
    public string UserLoginName
    {
        set
        {
            this.userLoginName=value;
        }
```

```csharp
            get
            {
                return this.userLoginName;
            }
        }
//Title 属性
        public string Title
        {
            set
            {
                this.title=value;
            }
            get
            {
                return this.title;
            }
        }
//Content 属性
        public string Content
        {
            set
            {
                this.content=value;
            }
            get
            {
                return this.content;
            }
        }
//CreateTime 属性
        public DateTime CreateTime
        {
            set
            {
                this.createTime=value;
            }
            get
            {
```

```
                return this.createTime;
            }
        }
//IP 属性
    public string IP
    {
        set
        {
            this.ip=value;
        }
        get
        {
            return this.ip;
        }
    }
//Exis 属性
    public bool Exist
    {
        get
        {
            return this.exist;
        }
    }
```

（3）LoadData(int)方法

功能：接收帖子编号，调用 Database 类的 GetDataRow()方法查询发帖记录。若得到返回的查询记录，则将该记录的每个字段值直接赋给 Topic 类对象的私有变量成员，以便在类外通过属性接口访问私有变量。代码如下：

```
public void LoadData(int topicID)
    {
        Database db=new Database();           //实例化一个 Database 类
        string SqlString="";
        SqlString="Select * from Topic where TopicID="+topicID;
        DataRow dr = db.GetDataRow(SqlString);
                    //利用 Database 类的 GetDataRow 方法查询用户数据
        //根据查询得到的数据，对成员赋值
        if(dr!=null)
        {
            this.topicID=Convert.ToInt32(dr["TopicID"]);
```

```
            this.userLoginName=dr["UserLoginName"].ToString();
            this.title=dr["Title"].ToString ();
            this.content=dr["Content"].ToString ();
            this.createTime=Convert.ToDateTime(dr["CreateTime"]);
            this.ip = dr["IP"].ToString();
            this.exist = true;
        }
        else
        {
            this.exist = false;
        }
    }
}
```

（4）Delete(int)方法

功能：接收传来的帖子编号，完成在 Topic 表和 Reply 表中删除帖子的操作。代码如下：

```
public void Delete(int topicId)
{
    ArrayList SqlStrings = new ArrayList();
    string SqlString="";
    SqlString = "Delete from Topic where TopicID="+topicId;
    SqlStrings.Add(SqlString);
    SqlString="Delete from [Reply] where TopicID="+topicId;
    SqlStrings.Add(SqlString);
    Database db = new Database();
    db.ExecuteSQL(SqlStrings);
}
```

（5）Add(Hashtable)方法

功能：接收哈希表对象，调用 Database 类的 Insert()方法，将帖子记录插入到 Topic 表中。代码如下：

```
public void Add(Hashtable topicInfo)
{
    Database db = new Database();          //实例化一个 Database 类
    db.Insert("Topic",topicInfo);          //利用 Database 类的 Inser 方法，插入数据
}
```

（6）Update(Hashtable)方法

功能：接收哈希表对象，构建条件表达式，调用 Database 类的 Update()方法，完成修改帖子的操作。代码如下：

```
public void Update(Hashtable newTopicInfo)
{
```

```
            Database db=new Database();
            string Where= "Where TopicID="+ this.topicID;
            db.Update("Topic",newTopicInfo,Where);
}
```

（7）RequestTopics()方法

功能：按发表的时间倒序，返回全部帖子，静态方法，无参数。代码如下：

```
public static DataSet RequestTopics()
{
        string SqlString = "";
        Sqlstring = "Select * from [Topic] order by CreateTime desc";
        Database db = new Database();
        return db.GetDataSet(SqlString);
}
```

（8）RequestReplies()方法

功能：返回某个帖子的全部回帖，无参数。代码如下：

```
public DataSet RequestReplies()
{
        string SqlString = "";
        SqlString="Select Reply.*,[User].LoginName from Reply,[User]"+" Where Reply.UserLoginName=[User].LoginName and TopicID= "+this.topicID+" order by CreateTime desc ";
        Database db=new Database();
        return db.GetDataSet(SqlString);
}
```

10.5.4 创建 Reply 类

1. 添加类文件

在 BussinessLogicLayer 文件夹下添加新项，在"选择新项"对话框中选择模板为"类"，给类文件命名为 Reply.cs，单击"添加"按钮。如图 10-14 所示。

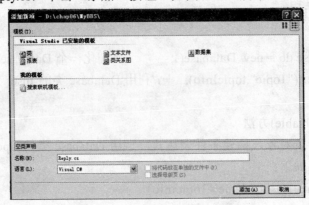

图 10-14 添加"Reply"类文件

2．引用命名空间

由于在类文件中要使用哈希表对象和引用数据访问层，因此需要引用以下命名空间：

using System.Collections;

using MyBBS.DataAccessLayer;

3．类文件结构

将 Reply 类的定义代码放在命名空间 MyBBS.BussinessLogicLayer 的定义中，代码结构如下：

```
namespace MyBBS.BusinessLogicLayer
{
public class Reply
{
//私有变量
    //属性
//自定义方法()
    {    }
}
}
```

4．在 Reply 类中添加私有变量、属性和方法。其中 Add(Hashtable)方法是将回帖记录插入到 Reply 表中，代码如下：

```
namespace MyBBS.BusinessLogicLayer
{
    public class Reply : Topic
    {
        private int replyID;        //私有变量设置

        //ReplyID 属性设置
        public int ReplyID
        {
            set
            {
                this.replyID=value;
            }
            get
            {
                return this.replyID;
            }
        }
```

```
//将回帖记录插入 Reply 表中
public void Add(Hashtable replyInfo)
{
    Database db = new Database();    //实例化一个 Database 类
    db.Insert("Reply",replyInfo);    //利用 Database 类的 Inser 方法，插入数据
}
}
```

10.6 页面显示层

10.6.1 页面显示层设计

页面显示层 WebLayer 是在浏览器上显示的页面，提供系统和用户的交互操作。通过对业务逻辑层的引用，完成登录、注册、浏览帖子、回帖、修改和删除帖子等操作。页面显示层需要引入业务逻辑层命名空间"MyBBS.BussinessLogicLayer"，并且都包含在"MyBBS.WevLayer"命名空间下。

10.6.2 用户登录页面 Login.aspx

1．添加页面文件，引用命名空间

在网站的根目录下添加 Login.aspx 文件，在 Login.aspx.cs 页面中引用命名空间：
using MyBBS.BusinessLogicLayer;

2．页面布局

Login.aspx 页面完成的功能有：用户登录、匿名登录、跳转到注册页面，页面布局如图 10-15 所示。

图 10-15 "Login.aspx"页面布局

页面的 Panel 控件的背景使用的是如图 10-16 所示的 back01.jpg 文件，可存放在网站的 Images 文件夹中。

图 10-16 "back01.jpg" 显示效果

本页面共包含 4 类共 9 个控件,其中 Label3 控件放在 Panel 控件的外面,用于显示版权信息,其他控件包含在 Panel 控件中。每个控件的主要属性设置如表 10-4 所示。

表10-4 设置Login.aspx页面控件的属性

序号	控件类别	控件属性	属性值
1	Panel	ID	Panel1
		BackImageUrl	back01.jpg
		Height	450px
		Width	800px
2	Label	ID	Label1
		Text	用户
		BorderWidth	0px
		ForeColor	White
3	Label	ID	Label2
		Text	密码
		BorderWidth	0px
		ForeColor	White
4	Label	ID	Label3
		Text	版权所有 © BBS 清新论坛网站 天津师范大学 天津通信管理局 ICP 备案号(津 ICP 备 080008 号)
5	TextBox	ID	TextBoxLoginName
		TextMode	SingleLine
		BackColor	Black
		BorderColor	DarkGoldenrod
		BorderWidth	1px
		ForeColor	WhiteSmoke
6	TextBox	ID	TextBoxPassword
		TextMode	Password
		BackColor	Black
		BorderColor	DarkGoldenrod
		BorderWidth	1px
		ForeColor	WhiteSmoke

续表

序号	控件类别	控件属性	属性值
7	Button	ID	ButtonLogin
		Text	登录
		BackColor	Black
		BorderColor	Olive
		BoorderWidth	1px
		ForeColor	White
8	Button	ID	ButtonGuest
		Text	匿名
		BackColor	Black
		BorderColor	Olive
		BorderWidth	1px
		ForeColor	White
9	Button	ID	HyperLinkRegister
		Text	申请
		BackColor	Black
		BorderColor	Olive
		BoorderWidth	1px
		ForeColor	White

3. "登录"按钮单击事件

单击"登录"按钮，系统将从页面获取登录名和密码。调用 User 类的 LoadData()方法，获取用户是否存在信息。若用户存在，再判断密码是否正确。验证通过后跳转到 TopicList.aspx 页面。代码如下：

```
protected void ButtonLogin_Click(object sender, EventArgs e)
{
string userLoginName = TextBoxLoginName.Text;  //获取用户输入的登录名
string password = TextBoxPassword.Text;        //获取用户输入的密码
Session["login_name"]=userLoginName;           //使用 Session 保存用户登录名
User user = new User();                        //声明一个 User 类对象
user.LoadData(userLoginName);                  //利用 User 类的 LoadData 方法，获取用户信息
if (user.Exist)                                //访问用户属性，如果用户存在
{
if (user.Password == password)             //如果密码正确，跳转到留言列表页面
{
        Response.Redirect("TopicList.aspx");
}
else                                       //如果密码错误，给出提示，光标停留在密码框中
```

```csharp
        {
            Response.Write("<Script>alert(\"密码错误,请重新输入密码!\")</Script>");
            TextBoxPassword.Focus();
        }
    }
    else                                          //提示用户不存在信息
    {
        Response.Write("<Script language=JavaScript>alert('对不起,用户不存在')</Script>");
        TextBoxLoginName.Text="";
        TextBoxLoginName.Focus();                 //光标停留在文本框中
    }
}
```

4. "匿名"按钮单击事件

当用户单击"匿名"按钮,将以"guest"身份直接进入 TopicList.aspx 页面。代码如下:

```csharp
protected void ButtonGuest_Click(object sender, EventArgs e)
{
    Session.Add("login_name", "guest");    //使用 Session 保存用户登录名信息
    Response.Redirect("TopicList.aspx");   //跳转到留言列表页面
}
```

5. "申请"按钮单击事件

当用户单击"申请"按钮,将跳转到注册页面。代码如下:

```csharp
protected void HyperLinkRegister_Click(object sender, EventArgs e)
{
    Response.Redirect("Register.aspx");    //跳转到注册页面
}
```

注释:

(1) Panel 控件所用到的背景图像文件"back01.jpg"可利用 Photoshop 设计,文件大小 800px×450px。

(2) Login.aspx.cs 页面要引用命名空间:using MyBBS.BusinessLogicLayer;要将页面类的代码定义在命名空间 namespace MyBBS.Web 中,结构如下所示:

```csharp
namespace MyBBS.Web
public partial class Login : System.Web.UI.Page
{
    {
        ……
    }
}
```

显示层中其他页面的隐藏类代码文件所引用的命名空间以及自身所定义的命名空间都

是相同的，不再赘述。

10.6.3 用户注册页面 Register.aspx

1. 添加页面文件，引用命名空间

在网站的根目录下添加 Register.aspx 文件，在 Register.aspx.cs 页面中引用命名空间：

```
using MyBBS.BusinessLogicLayer;
```

2. 页面布局

Register.aspx 页面完成注册功能。通过“提交”按钮，将注册的信息写到数据库表中，用 html 语言写一个<table></table>的页面布局代码，包含 11 行 2 列。如图 10-17 所示。

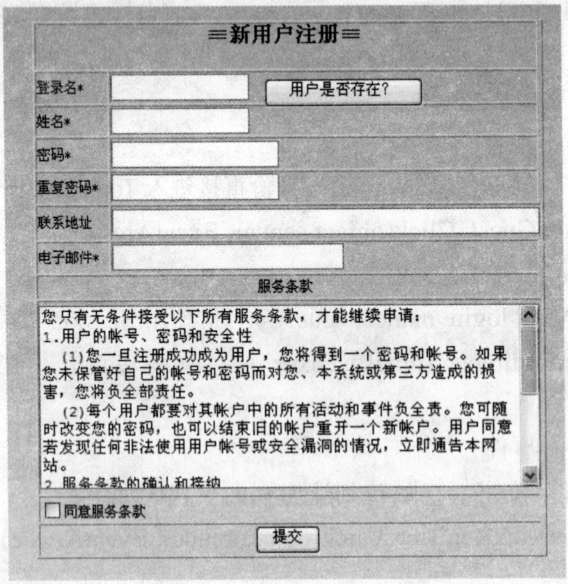

图 10-17 “Register.aspx”页面布局

对页面布局代码进行了简化，去掉了一些格式代码。如下所示：

```
<table>
<tr align ="center" height=20>
        <td colspan =2><h3>≡新用户注册≡</h3></td>
    </tr>
<tr>
        <td style="width: 90px">登录名*</td>
        <td style="width: 232px">
        <asp:TextBox ID="TextBoxLoginName" runat="server" Width="120px"></asp: TextBox>
          <asp:Button ID="ButtonCheck" runat="server" Text="用户是否存在？" OnClick="ButtonCheck_Click" ></asp:Button></td>
</tr>
      <tr>
```

```
                <td style="width: 90px">姓名*</td>
                <td style="width: 232px">
                    <asp:TextBox ID="TextBoxUserName" runat="server" Width="120px"></asp:TextBox></td>
            </tr>
    <tr>
                <td style="width: 90px">密码*</td>
                <td style="width: 232px"><asp:TextBox ID="TextBoxPassword" runat="server" TextMode="Password"></asp:TextBox></td>
    </tr>
            <tr>
                <td style="width: 90px">重复密码*</td>
                <td style="width: 232px">
                    <asp:TextBox ID="TextBoxPassword2" runat="server" TextMode="Password"></asp:TextBox>
                    <asp:CompareValidator ID="CompareValidator1" runat="server" ErrorMessage=" 两次密码必须一致！" ControlToCompare="TextBoxPassword" ControlToValidate="TextBoxPassword2" ></asp:CompareValidator></td>
            </tr>
            <tr>
                <td style="width: 90px; height: 29px;">联系地址</td>
                <td colspan="2" ><asp:TextBox ID="TextBoxAddress"runat="server"></asp:TextBox></td>
            </tr>
    <tr>
                <td >电子邮件*</td>
                <td >
                    <asp:TextBox ID="TextBoxEmail" runat="server" Width="200px"></asp:TextBox></td>
    </tr>
            <tr>
                <td colspan =2>服务条款</td>
            </tr>
            <tr>
                <td >
                    <asp:TextBox ID="TextBoxDeclare" runat="server" TextMode="MultiLine" >
您只有无条件接受以下所有服务条款，才能继续申请：
1.用户的帐号、密码和安全性
(1)您一旦注册成功成为用户，您将得到一个密码和帐号。如果您未保管好自己的帐
```

号和密码而对您、本系统或第三方造成的损害,您将负全部责任。

(2)每个用户都要对其帐户中的所有活动和事件负全责。您可随时改变您的密码,也可以结束旧的帐户重开一个新帐户。用户同意若发现任何非法使用用户帐号或安全漏洞的情况,立即通告本网站。

2.服务条款的确认和接纳

(1)用户提供设备,包括个人电脑一台、调制解调器一个及配备上网装置。

(2)个人上网和支付与此服务有关的电话费用。

3.用户应同意

(1)提供及时、详尽及准确的个人资料。

(2)不断更新注册资料,符合及时、详尽准确的要求。

(3)所有原始键入的资料将引用为注册资料。

```
</asp:TextBox></td>
</tr>
    <tr>
        <td colspan =2>
            <asp:CheckBox ID="CheckBox1" runat="server" Text="同意服务条款"></asp:CheckBox></td>
        </tr>
        <tr>
            <td align="center" colspan="2">
                <asp:Button ID="ButtonOK" runat="server" Text="提交" OnClick="ButtonOK_Click"></asp:Button></td>
</tr>
</table>
```

页面背景文件用如下代码完成:

```
<body background="Images/back02.jpg">
......
</body>
```

back02.jpg 是用 Photoshop 软件完成的,大小为 1024px×768px。如图 10-18 所示。

图 10-18　back02.jpg

3. "用户是否存在？"按钮的单击事件

注册一个用户往往需要填入很多信息，但用户名一定不能重复。为了保证用户名在数据库中的唯一性，需要测试一下用户名是否重复，代码如下：

```csharp
protected void ButtonCheck_Click(object sender, System.EventArgs e)
{
        string loginName=TextBoxLoginName.Text;
          if(MyBBS.BusinessLogicLayer.User.HasUser(loginName))
                                //调用静态方法一定要加上类的空间名
        {
            Response.Write("<Script Language=JavaScript>alert(\"对不起，已经存在同名用户！\")</Script>");
            TextBoxLoginName.Text="";
        }
        else
        {
            Response.Write("<Script Language=JavaScript>alert(\"该用户名可用！\")</Script>");
        }
}
```

4. "提交"按钮的单击事件

选中"同意服务条款"复选框之后，单击"提交"按钮，完成将注册信息写入数据表 User 的操作。否则，提示"不同意服务条款？"。代码如下：

```csharp
protected void ButtonOK_Click(object sender, System.EventArgs e)
{
        if (CheckBox1.Checked)
        {
            Hashtable ht = new Hashtable();     //创建哈希表对象
            ht.Add("LoginName", "" + TextBoxLoginName.Text + "");
                        //键名为字段名，键值为从页面上获取的数据
            ht.Add("UserName", "" + TextBoxUserName.Text + "");
            ht.Add("Password", "" + TextBoxPassword.Text + "");
            ht.Add("Address", "" + TextBoxAddress.Text + "");
            ht.Add("Email", "" + TextBoxEmail.Text + "");
            User user = new User();
            user.Add(ht);
            Session ["login_name"]=TextBoxLoginName.Text;
            Response.Redirect("TopicList.aspx");           //跳转到帖子列表页面
        }
```

```
        else
            Response.Write("<Script Language=JavaScript>alert(\"不同意服务条款？
\")</Script>");
    }
```

10.6.4 主题列表页面 TopicList.aspx

1．添加页面文件，引用命名空间

在网站的根目录下添加 TopicList.aspx 文件，在 TopicList.aspx.cs 页面中引用命名空间：
using MyBBS.BusinessLogicLayer;

2．页面预览

TopicList.aspx 页面完成显示全部帖子功能。可通过"详细信息"查看帖子的所有回复信息，并可回复该帖；登录用户可修改和删除自己发布的帖子。页面运行效果如图 10-19 所示。

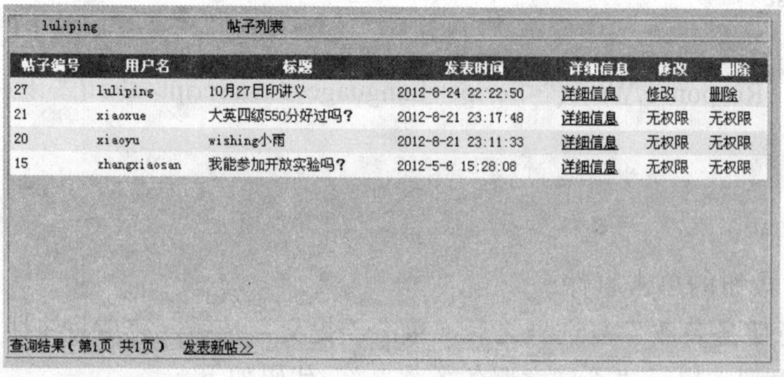

图 10-19 "TopicList.aspx"页面运行结果

3．页面布局

页面背景文件使用 back02.jpg，代码如下：
`<body background="Images/back02.jpg">`
……
`</body>`

选择页面"源"视图，在<body></body> 之间，用 html 语言写一个<table></table>的页面布局代码，包含 3 行 1 列。代码如下：

```
<table id="Table1" cellspacing="1" cellpadding="1" border="1">
    <tr><td></td></tr>
    <tr><td></td></tr>
    <tr><td></td></tr>
</table>
```

调整边框位置，显示效果如图 10-20 所示。

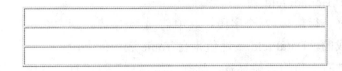

图 10-20 用表格布局"topic.aspx"页面

添加 3 个 Label 控件、1 个 HyperLink 控件、1 个 GridView 控件；在 GridView1 控件中，通过编辑列，添加 4 个 BoundField 列、1 个 HyperLinkField 列、2 个 ButtonField 列。如图 10-21 所示。

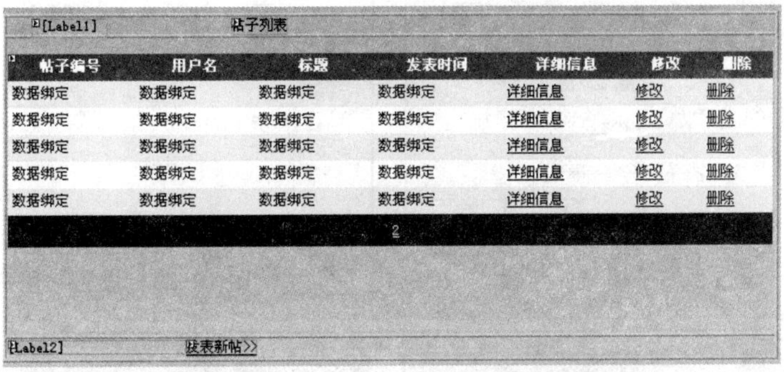

图 10-21 "TopicList.aspx"页面布局

本页面共包含 3 类共 5 个控件，每个控件的主要属性设置如表 10-5 所示。

表10-5 设置TopicList.aspx页面控件的属性

序号	控件类别	控件属性	属性值
1	Label	ID	Label1
		Text	空
2	Label	ID	Label2
		Text	空
3	Label	ID	Label3
		Text	帖子列表
4	HyperLink	ID	HyperLinkAddTopic
		Text	发表新帖>>
		NavigateUrl	TopicAdd.aspx
5	GridView	ID	GV
		PageIndes	0（运行后显示第 1 页）
		AllowPaging	True（启动自动分页）
		PageSize	5（每页显示 5 行）

4．GridView 控件"编辑列"设置

控件的数据源是通过"编辑列"设置的。该控件要按帖子创建时间降序显示 Topic 表中的所有帖子列表，允许登录用户回复帖子并可修改和删除自己的帖子，因此需要在控件中添加"详细信息"、"修改"、"删除"列。

（1）添加 4 个 BoundField 列

GV 控件的每一行包含 7 个字段，其中前 4 个字段：用户名、标题、发表时间是用 BoundField 列完成的，DataField 属性值来自 Topic 表中的字段。

单击 GV 控件右上角的智能标签，选择"编辑列"，"打开字段"对话框，添加 4 个 BoundField 列，设置它们的 DataField 和 HeaderText 属性，如图 10-22 至图 10-25 所示。

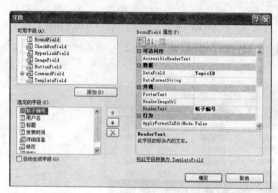

图 10-22 设置"帖子编号"字段

图 10-23 设置"用户名"字段

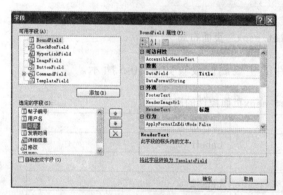

图 10-24 设置"标题"字段

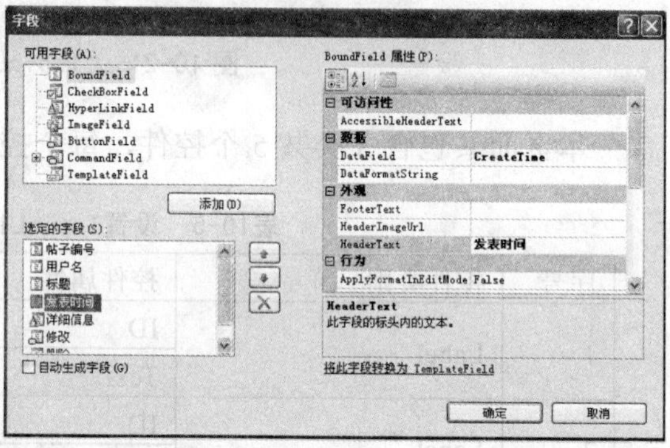

图 10-25 设置"发表时间"字段

注释：网页运行后能显示帖子列表是因为在页面的 Page_Load 事件中编写可相关代码，将数据源绑定在 GV 控件上。参见后面的初始化数据方法和 InitData()Page_Load 事件。

（2）添加 1 个 HyperLinkField 列

单击 GV 控件右上角的智能标签，选择"编辑列"，打开字段对话框，添加 1 个 HyperLinkFiled 字段，进行相关属性设置，如图 10-26 所示。

在图 10-26 所示的字段设置对话框中，对"详细信息"列设置以下几个属性：

DataNavigateUrlFields="TopicId"　　//超链接页面绑定的字段
DataNavigateUrlFormatString="TopicDetail.aspx?topic_id={0}"
　　　　　　　　　　　　　　　　　//链接页面，{0}传递 TopicID 值
HeaderText="详细信息"　　//字段名
Text="详细信息"　　//用于超链接的文本

图 10-26　设置"详细信息"字段

（3）添加 2 个 ButtonField 列

a) 单击 GV 控件右上角的智能标签，选择"编辑列"，打开字段对话框，添加 1 个 ButtonField 列，并设置其 HeaderText 和 Text 属性值均为"修改"；设置其 CommandName 属性值为"Update"，如图 10-27 所示。

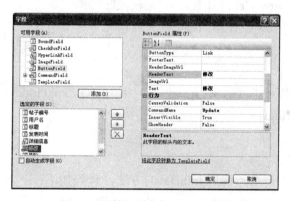

图 10-27　设置"修改"字段

b) 单击 GV 控件右上角的智能标签，选择"编辑列"，打开字段对话框，添加 1 个 ButtonField 列，并设置其 HeaderText 和 Text 属性值均为"删除"；设置其 CommandName 属性值为"Delete"，如图 10-28 所示。

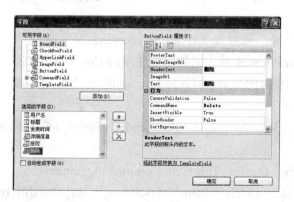

图 10-28　设置"删除"字段

5. InitData()方法

功能：显示所有帖子。在 GV 控件上显示当前页数据。由于 GV 控件启动了自动分页功能，运行后显示第 1 页，以后按选定的页号显示相应页面。代码如下：

```
private void InitData()
{
        DataSet ds = Topic.RequestTopics();
        GV.DataSource = ds;                    //将内存数据结果集作为 GV 的数据源
        GV.DataBind();                          //绑定数据源
        foreach (GridViewRow row in GV.Rows)    //非登录用户不能修给和删除帖子
        {
          if (String.Compare(Session["login_name"].ToString(), row.Cells[1].Text) != 0)
            {
                row.Cells[5].Text = "无权限";
                row.Cells[6].Text = "无权限";
            }
        }
        Label2.Text=" 查 询 结 果 （ 第 "+(GV.PageIndex+1).ToString()+" 页 共 "+GV.PageCount.ToString()+"页）";
}
```

6. Page_load 事件

功能：显示登录用户名，调用 IninData()方法。代码如下：

```
protected void Page_Load(object sender, System.EventArgs e)
{
        Label1.Text = Session["login_name"].ToString ();    //显示登录用户名
        InitData();                                          //调用初始化数据方法
}
```

7. "修改"和"删除"列触发事件 RowCommand

功能：当单击 GridView 控件中的按钮发生 RowCommand 事件。"修改"和"删除"列都是 GridView 控件添加的 ButtonField 列，因此无论单击了哪个按钮都会激活以下代码：

```
protected void GV_RowCommand(object sender, GridViewCommandEventArgs e)
{
        int index = Convert.ToInt32(e.CommandArgument);      //待处理的行下标
        int topicId = Convert.ToInt32(GV.Rows[index].Cells[0].Text);
                                                              //获取选定行的帖子编号
```

```
            switch (e.CommandName)
            {
                case "Update":
                    Response.Redirect("TopicUpdate.aspx?topic_id=" + topicId);
                                                        //跳转到修改帖子页面
                    break;
                case "Delete":
                    Topic topic = new Topic();        //创建 Topic 类对象
                    topic.Delete(topicId);            //调用删除方法
                    Response.Redirect("TopicList.aspx");
                    break;
            }
        }
```

8. 分页显示触发事件 PageIndexChanging

功能：由于 GridView 自动启动了分页功能，因此控件上会出现页号导航按钮。当单击页号时，会触发事件。

代码如下：

```
protected void GV_PageIndexChanging(object sender, GridViewPageEventArgs e)
{
        GV.PageIndex = e.NewPageIndex;        //获取控件中新的页号
        InitData();        //调用初始化数据方法
}
```

10.6.5 添加新帖页面 TopicAdd.aspx

1. 添加页面文件，引用命名空间

在网站的根目录下添加 TopicAdd.aspx 文件，在 TopicAdd.aspx.cs 页面中引用命名空间：

using MyBBS.BusinessLogicLayer;

页面所在的命名空间：

    namespace MyBBS.Web{ …… }

2. 页面布局

TopicAdd.aspx 页面完成发表新帖功能。通过"确定"按钮，将帖子信息写到数据表 Topic 中，用 html 语言写一个<table></table>的页面布局代码，包含 4 行 2 列。

代码如下：

```
<table cellspacing="1" cellpadding="0">
    <tr><td colspan="2" ></td></tr>
    <tr><td></td><td></td></tr>
    <tr><td></td><td></td></tr>
```

```
            <tr><td colspan="2"></td></tr>
</table>
```

调整边框位置，显示效果如图 10-29 所示。

图 10-29 用表格布局"TopicAdd.aspx"页面

添加 3 个 Label 控件、2 个 TextBox 控件、2 个 Button 控件。如图 10-30 所示。

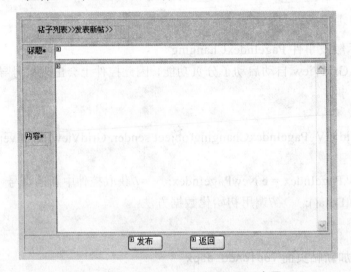

图 10-30 "TopicAdd.aspx"页面布局

本页面共包含 3 类共 7 个控件，每个控件的主要属性设置如表 10-6 所示，表中包含 Document 的属性设置。

表10-6 设置TopicAdd.aspx页面控件的属性

序号	控件类别	控件属性	属性值
1	Document	Background	back02.jpg
		StyleSheet	mystyle.css
2	Label	ID	Label1
		Text	帖子列表>>发表新帖>>
3	Label	ID	Label2
		Text	标题*
4	Label	ID	Label3
		Text	内容*

续表

序号	控件类别	控件属性	属性值
5	TextBox	ID	TextBoxTitle
		Text	空
		TextMode	SingleLine
6	TextBox	ID	TextBoxContent
		Text	空
		TextMode	MultiLine
7	Button	ID	ButtonOK
		Text	发布
		OnClick	ButtonOK_Click
8	Button	ID	ButtonBack
		Text	返回
		OnClick	ButtonBack_Click

3．"发布"按钮单击事件

功能：将新帖信息添加到数据表 Topic 中，并在 TopicList.aspx 页面显示出来。

代码如下：

```
protected void ButtonOK_Click(object sender, System.EventArgs e)
{
        Hashtable ht=new Hashtable();
        ht.Add("UserLoginName","'"+Session["login_name"].ToString()+"'");
        ht.Add("Title","'"+TextBoxTitle.Text+"'");
        ht.Add("Content","'"+TextBoxContent.Text+"'");
        ht.Add("CreateTime","'"+DateTime.Now.ToString()+"'");
        ht.Add("IP","'"+Request.UserHostAddress.ToString()+"'");
         Topic topic =new Topic();
        topic.Add(ht);
        Response.Redirect("TopicList.aspx");
}
```

4．"返回"按钮单击事件

功能：返回帖子列表页面。

代码如下：

```
protected void ButtonBack_Click(object sender, System.EventArgs e)
{
        Response.Redirect("TopicList.aspx");
}
```

10.6.6 查看主题详细内容页面 TopicDetail.aspx

1. 添加页面文件，引用命名空间

在网站的根目录下添加 TopicDetail.aspx 文件，在 TopicDetail.aspx.cs 页面中引用命名空间：

using MyBBS.BusinessLogicLayer;

页面所在的命名空间：

namespace MyBBS.Web{ …… }

2. 页面布局

TopicAdd.aspx 页面完成发表新帖功能。通过"确定"按钮，将帖子信息写到数据表 Topic 中，用 html 语言写一个<table></table>的页面布局代码，包含 4 行 1 列。代码如下：

```
<table cellspacing="1" cellpadding="0">
    <tr><td></td></tr>
    <tr><td></td></tr>
    <tr><td></td></tr>
    <tr><td></td></tr>
</table>
```

调整边框位置，显示效果如图 10-31 所示。

图 10-31 用表格布局"TopicDetail.aspx"页面

添加 8 个 Label 控件、2 个 Button 控件。如图 10-32 所示。

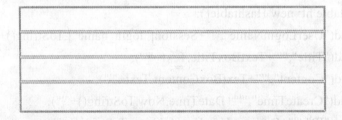

图 10-32 "TopicAdd.aspx"页面布局

本页面共包含 2 类共 10 个控件，每个控件的主要属性设置如表 10-7 所示，表中包含

Document 的属性设置。

表10-7 设置TopicDetail.aspx页面控件的属性

序号	控件类别	控件属性	属性值
1	Document	Background	back02.jpg
		StyleSheet	mystyle.css
2	Label	ID	Label1
		Text	>>帖子列表>>详细信息
3	Label	ID	Label2
		Text	标题
4	Label	ID	Label3
		Text	内容
5	Label	ID	Label3
		Text	以下为跟帖信息
6	Label	ID	Label4
		Text	空
7	Label	ID	LabelTitle
		Text	空
8	Label	ID	LabelContent
		Text	空
9	Label	ID	LabelReplyList
		Text	空
10	Button	ID	ButtonReply
		Text	回复
		OnClick	ButtonReply_Click
11	Button	ID	ButtonBack
		Text	返回
		OnClick	ButtonBack_Click

3. Page_Load 事件

功能：接收从"TopicList.aspx"页面带来的 topic_id，输出该帖的所有回复信息。

分析：在 TopicList 页面单击"详细信息"列时，通过"详细信息"列的 DataNavigateUrlFormatString 属性传递了帖子编号。代码如下：

DataNavigateUrlFormatString="TopicDetail.aspx?topic_id={0}"

跳转到"TopicDetail.aspx"页面之后，"TopicDetail.aspx"页面的 Page_Load 事件执行的语句是将从"TopicList.aspx"页面传来的 topic_id 赋给变量 topicID，代码如下：

int topicID=Convert.ToInt32(Request.QueryString["topic_id"]);

完整的事件代码：

protected void Page_Load(object sender, System.EventArgs e)
{
int topicid=Convert.ToInt32(Request.QueryString["topic_id"]);

```csharp
Topic topic = new Topic();           //创建 topic 类对象
topic.LoadData(topicid);
                    //调用 topic 的方法将查询到的记录字段赋给 topic 对象的私有成员
LabelTitle.Text=topic.Title;         //在 Label 控件中显示帖子标题
LabelContent.Text = topic.Content;   //在 Label 控件中显示帖子内容
DataSet ds=topic.RequestReplies();   //按时间降序列出帖子
int n = 0;
         foreach(DataRow row in ds.Tables[0].Rows)    //遍历所有回帖
{
         LabelReplyList.Text+= row["LoginName"];
         LabelReplyList.Text+=" | ";
         LabelReplyList.Text+=row["IP"];
         LabelReplyList.Text+=" | ";
         LabelReplyList.Text+=row["CreateTime"];
         LabelReplyList.Text+="<br>";
         LabelReplyList.Text+=row["Content"];
         LabelReplyList.Text+="<hr>";
         n++;
}
         Label4.Text = "共有"+n+"条回复信息";
         Session ["topicID"]=topicid;
}
```

4．"回复"按钮单击事件

功能：进入回帖页面。将新帖信息添加到数据表 Topic 中，并在 TopicList.aspx 页面显示出来。代码如下：

```csharp
protected void ButtonReply_Click(object sender, System.EventArgs e)
{
         string topicID=Request.QueryString["topic_id"].ToString();
         Response.Redirect("TopicReply.aspx?topic_id="+topicID);
}
```

5．"返回"按钮单击事件

功能：返回帖子列表页面。代码如下：

```csharp
protected void ButtonBack_Click(object sender, System.EventArgs e)
{
         Response.Redirect("TopicList.aspx");
}
```

10.6.7 回复主题页面 TopicReply.aspx

1. 添加页面文件，引用命名空间

在网站的根目录下添加 TopicReply.aspx 文件，在 TopicReply.aspx.cs 页面中引用命名空间：

using MyBBS.BusinessLogicLayer;

页面所在的命名空间：

namespace MyBBS.Web{ …… }

2. 页面布局

TopicReply.aspx 页面完成回复帖子的功能。通过"确定"按钮，将帖子信息写到数据表 Reply 中，用 html 语言写一个<table></table>的页面布局代码，包含 3 行 2 列。代码如下：

```
<table id="Table1" cellspacing="1" cellpadding="0" border="1" >
    <tr><td colspan="2"></td></tr>
    <tr><td></td><td></td></tr>
    <tr><td colspan="2"></td></tr>
</table>
```

调整边框位置，显示效果如图 10-33 所示。

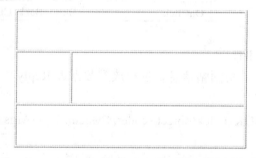

图 10-33　用表格布局"TopicReply.aspx"页面

添加 2 个 Label 控件、1 个 TextBox 控件、2 个 Button 控件。如图 10-34 所示。

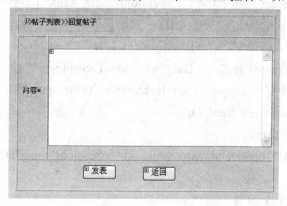

图 10-34　"TopicReply.aspx"页面布局

本页面共包含 3 类共 5 个控件,每个控件的主要属性设置如表 10-8 所示,表中包含 Document 的属性设置。

表10-8 设置TopicReply.aspx页面控件的属性

序号	控件类别	控件属性	属性值
1	Document	Background	back02.jpg
		StyleSheet	mystyle.css
2	Label	ID	Label1
		Text	>>帖子列表>>回复帖子
3	Label	ID	Label2
		Text	内容*
4	TextBox	ID	TextBoxContent
		Text	空
		TextMode	MultiLine
5	Button	ID	ButtonOK
		Text	发表
		OnClick	ButtonOK_Click
6	Button	ID	ButtonBack
		Text	返回
		OnClick	ButtonBack_Click

3. ButtonOK_Click 事件

功能:提交回帖内容,将回帖信息记录存放到数据表 Reply 中。

代码如下:

```
protected void ButtonOK_Click(object sender, System.EventArgs e)
{
int topicID=Convert.ToInt32(Session["topicID"]);
    Hashtable ht=new Hashtable();
    ht.Add("UserLoginName","'"+Session["login_name"].ToString()+"'");
    ht.Add("TopicID", "'" + topicID + "'");
    ht.Add("Content","'"+TextBoxContent.Text+"'");
    ht.Add("CreateTime","'"+DateTime.Now.ToString()+"'");
    ht.Add("IP","'"+Request.UserHostAddress.ToString()+"'");
    Reply reply =new Reply();
    reply.Add(ht);
Response.Redirect("TopicDetail.aspx?topic_id="+Session["topicID"]);
}
```

4. ButtonBack_Click 事件

功能:返回 TopicDetail.aspx 页面。

代码如下:

```
protected void ButtonBack_Click(object sender, System.EventArgs e)
{
Response.Redirect("TopicDetail.aspx?topic_id=" + Session["topicID"]);
}
```

10.6.8 修改主题页面 TopicUpdate.aspx

1. 添加页面文件,引用命名空间

在网站的根目录下添加 TopicUpdate.aspx 文件,在 TopicUpdate.aspx.cs 页面中引用命名空间:

```
using MyBBS.BusinessLogicLayer;
```

页面所在的命名空间:

```
namespace MyBBS.Web{ …… }
```

2. 页面布局

TopicUpdate.aspx 页面完成回复帖子的功能。通过"确定"按钮,将帖子信息写到数据表 Reply 中,用 html 语言写一个<table></table>的页面布局代码,包含 5 行 1 列。代码如下:

```
<table cellspacing="1" cellpadding="0">
       <tr><td></td></tr>
       <tr><td></td></tr>
       <tr><td></td></tr>
       <tr><td></td></tr>
        <tr><td></td></tr>
</table>
```

调整边框位置,显示效果如图 10-35 所示。

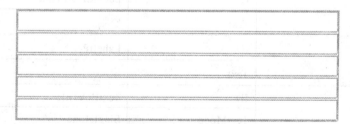

图 10-35 用表格布局"TopicUpdate.aspx"页面

添加 6 个 Label 控件、2 个 TextBox 控件、2 个 Button 控件。如图 10-36 所示。

本页面共包含 3 类共 10 个控件,每个控件的主要属性设置如表 10-9 所示,表中包含 Document 的属性设置。

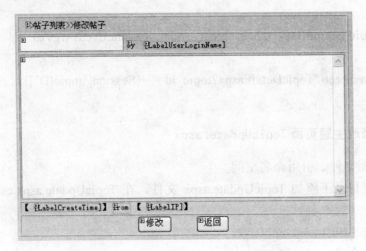

图 10-36 "TopicUpdate.aspx"页面布局

表10-9 设置TopicUpate.aspx页面控件的属性

序号	控件类别	控件属性	属性值
1	Document	Background	back02.jpg
		StyleSheet	mystyle.css
2	Label	ID	Label1
		Text	>>帖子列表>>修改帖子
3	Label	ID	Label2
		Text	by
4	Label	ID	Label3
		Text	from
5	Label	ID	LabelUserLoginName
		Text	空
6	Label	ID	LabelCreateTime
		Text	空
7	Label	ID	LabelIP
		Text	空
8	TextBox	ID	TextBoxTitle
		TextMode	SingleLine
9	TextBox	ID	TextBoxContent
		TextMode	MultiLine
10	Button	ID	ButtonUpdate
		Text	修改
		OnClick	ButtonUpdate_Click
11	Button	ID	ButtonBack
		Text	返回
		OnClick	ButtonBack_Click

3．Page_Load 事件

功能：显示原帖。代码如下：

```csharp
protected void Page_Load(object sender, System.EventArgs e)//显示原帖信息
{
    if (!IsPostBack)    //提交本页
    {
        int topicID = Convert.ToInt32(Request.QueryString["topic_id"]);
        Topic topic = new Topic();
        topic.LoadData(topicID);
        TextBoxTitle.Text = topic.Title;
        TextBoxContent.Text = topic.Content;
        LabelCreateTime.Text = topic.CreateTime.ToString();
        LabelIP.Text = topic.IP;
        LabelUserLoginName.Text = Session["login_name"].ToString();
    }
}
```

4．ButtonUpdate_Click 事件

功能：修改帖子标题和内容并重新保存在数据表 Topic 中。代码如下：

```csharp
protected void ButtonUpdate_Click(object sender, System.EventArgs e)
{
    Topic topic = new Topic();
    topic.TopicID = Convert.ToInt32(Request.QueryString["topic_id"]);
    Hashtable ht = new Hashtable();
    ht.Add("Title", "'" + TextBoxTitle.Text + "'");
    ht.Add("Content", "'" + TextBoxContent.Text + "'");
    topic.Update(ht);
    Page.Response.Redirect("TopicList.aspx");
}
```

5．ButtonBack_Click 事件

功能：返回 TopicList.aspx 页面。代码如下：

```csharp
protected void ButtonBack_Click(object sender, System.EventArgs e)
{
    Page.Response.Redirect("TopicList.aspx");
}
```

10.7 模块关键技术

10.7.1 集合类的应用

集合是指一组类似的对象。在.NET 中，任意类型的对象都可以放在一个集合中。.NET 中的集合类存在于 System.Collections 命名空间中。以下介绍三种常见的集合数据结构。

1. 哈希表（Hashtable）

在本模块中多次使用了哈希表对象，主要进行记录的插入操作。将记录的字段名和字段值作为一个键值对，存放在哈希表中。通过字典对象遍历哈希表中的键值对以构建插入语句，实现插入记录功能。集合中的每个元素都是一个<键（key），值（value）>对的列表。其中 key 通常可用来快速查找，同时 key 是区分大小写；value 用于存储对应于 key 的值。Hashtable 中 key/value 键值对均为 object 类型，所以 Hashtable 可以支持任何类型的 key/value 键值对。哈希表常用的操作如下：

（1）创建哈希表对象

例：

Hashtable ht = new Hashtable();   //其中 ht 为哈希对象名

（2）哈希表常用方法

例：

ht.Add("Name", "张三");   // 为哈希表里添加键值对
ht.Clear();   //移除哈希表里所有的键值对
ht .Contains("Name");   //判断哈希表里是否包含该键
string name = (string)ht["Name"].ToString();   //取哈希表里指定键的值
ht.Remove("Name");   //删除哈希表里指定键的键值对
    int n=ht.Count;   //统计哈希表键值对个数

（3）遍历哈希表

通过 foreach 语句结构和字典对象遍历哈希表对象元素，包含键名和键值。例：

string fieldsKey="";
string fieldsValue="";
foreach (DictionaryEntry item in ht)
{
        FieldsKey += item.Key.ToString();
        FieldsValue += item.Value.ToString();
}

2. 字典（DictionaryEntry）

字典对象只包含一个<键（key），值（value）>对，往往和哈希表对象配合使用，一般用于在哈希表中遍历每个键值对。创建字典对象的语句：

DictionaryEntry item=new DictionaryEntry ();

3. 列表（ArrayList）

是一个一维的动态数组，可以装载一组相似的数据元素。

（1）创建列表对象

ArrayList List=new ArrayList();   //创建列表类对象

（2）列表对象常用方法

```
for(int  i=0;i<10;i++)   //给数组增加 10 个 int 元素
{
     List.Add(i);
}
List.Remove(3);        //去除元素 3
```

（3）遍历列表

使用 foreach 语句访问列表中的所有元素。例如,本章实例 Database 类中的方法：

```
public void ExecuteSQL(ArrayList SqlStrings)//形参为列表类对象，重载方法
{
……
foreach (String str in SqlStrings)
{
          cmd.CommandText=str;
          cmd.ExecuteNonQuery();
}
……
}
```

10.7.2 Session 对象的应用

每个用户若共享自己的数据，需要使用 Session 对象。Session 意思为"会话"，指从用户进入系统到关闭浏览器离开系统的这段交互时间。对于用户来说，在 Session 中注册的变量可以保留其值，并可在各个页面中使用。由于这种特点，Session 常用于在页面之间的参数传递、用户身份确认、保存用户输入的数据等操作。

（1）添加变量

Session.Contents ["变量名"]=表达式;

           //将表达式的内容存放在变量名中，Contents 可省略

Session.Add("变量名",表达式);   //将表达式的内容存放在变量名中

例如：

Session.Contents ["verify"] = tmp;

Session.Contents ["UserName"]=TextBoxUserName.Text;

Session.Add("UserName", TextBoxUserName.Text);

（2）清除变量

Session.Remove("变量名");   //删除 Session 中的对象
例如：
Session.Remove("UserName");
（3）显示变量值，例如：
Label1.Text =Session["UserName"].ToString();   //将 Session 对象的值显示在页面上

10.8 本章小结

10.8.1 本章实例执行过程图

本章网上论坛系统的执行过程是从页面层开始，通过页面事件调用业务逻辑层的类方法，再由逻辑层调用数据访问层的类完成读取数据库的功能。

1.Login.aspx、Register.aspx、TopicList.aspx 页面执行过程，如图 10-37 所示。

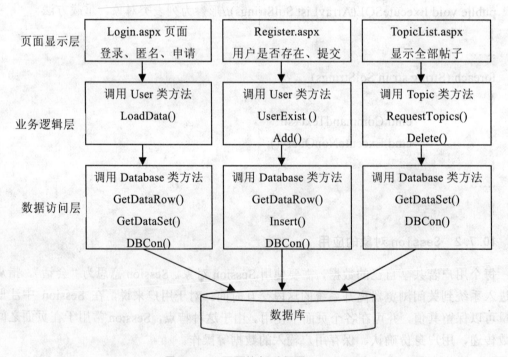

图 10-37 页面执行过程图（一）

2. TopicAdd.aspx、TopicDetail.aspx、TopicReply.aspx、TopicUpdate 页面执行过程，如图 10-38 所示。

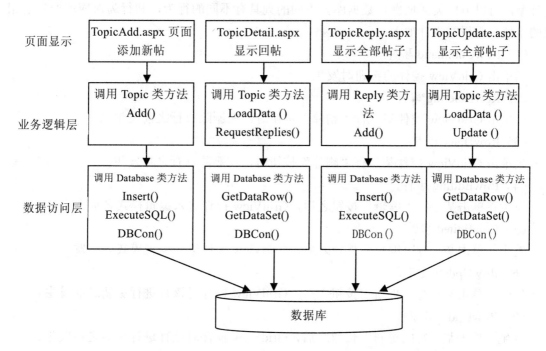

图 10-38　系统执行过程图（二）

10.8.2　GridView 控件中的列类型和事件

1. GridView 控件包含的列类型：

（1）Boundfield 字段列

GridView 控件为数据源的每一列自动创建一个 BoundField 列，列名按顺序取自数据源的字段名。

（2）CheckBoxField 复选框列

GricView 控件中以复选框显示的布尔型字段。

（3）HyperLinkField 超级链接列

GricView 控件中显示为超级链接的字段。

（4）ImageField 图像列

显示 Image 类型的字段。

（5）Buttonfield 按钮列

按钮的类型可以为 Button、Image、Link。

（6）CommandField 命令列

在 GridView 中执行选择、编辑、插入或删除的命令按钮。这些命令按钮不需要写任何命令代码即可实现相应的操作。

（7）TemplateFiled 模板列

列中的内容常用于显示控件。

2. GridView 控件的事件

在本章的实例中，应用了一些 GridView 控件的事件。由于 GridView 控件具有丰富的列类型，可以方便灵活地操作数据库。不同的列具有不同的行为，和行为对应就产生了相应的事件。常用的事件如下：

（1）RowCommand 事件

当单击 GridView 控件的按钮时发生。

（2）RowDeleting 事件

当单击 GridView 控件某一行"删除"按钮时，在删除该行之前发生。

（3）RowDeleted 事件

当单击 GridView 控件某一行"删除"按钮时，在删除该行之后发生。

（4）RowEditing 事件

发生在单击某一行"编辑"按钮之后，GridView 控件进入编辑模式之前发生。

（5）RowEdited 事件

发生在单击某一行"编辑"按钮之后，GridView 控件进入编辑模式之后发生。

（6）RowUpdating 事件

发生在单击某一行"更新"按钮之后，GridView 控件对该行进行更新之前发生。

（7）RowUpdated 事件

发生在单击某一行"更新"按钮之后，GridView 控件对该行进行更新之后发生。

（8）PageIndexChanging 事件

在单击某一导航按钮时，但在 GridView 控件处理分页操作之前发生。

（9）PageIndexChanged 事件

在单击某一导航按钮时，但在 GridView 控件处理分页操作之后发生。

10.8.3 String 和 string 的区别

String 是.NET Framework 中的类，位于 System 空间，若使用 String，必须引用命名空间 System。String 类有许多方法，用来实现对字符串的处理。如：替换字符、删除尾部空格字符、查找字符串位置、字母的大小写转换等。String 是.net Framework 的类 Framework 的 String 类，是通用类型。

string 是 C#中的类，是数据类型，是关键字。String 和 string 可以通用。用 C#编写代码时尽量使用 string 表示字符串类型，这样比较规范。

10.9 实践活动

1. 在"提交"按钮的单击事件中，字段名作为哈希表的键名如果书写有误，系统并不报错，只是不能将记录写入 User 数据库表中。分析其中的原因。

2. 在本章实例的修改帖子功能页面，Page_Load 事件的代码为：if (!IsPostBack){   }如果去掉这个条件，修改功能不能实现，这是为什么？

3. 在本章实例基础上进一步完善模块功能。例如：在 TopicList 页面上按回复量降序显示帖子。

第 11 章　在线考试系统

本章要点

1. 学会制作带干扰线的验证码。
2. 学会创建公共类文件。
3. 掌握系统二层结构的设计方法。

随着教育信息化的发展，网络无纸化考试开始逐步替代传统的纸质考试，特别是客观题考试很适合这种考试方式。客观题在线考试系统不仅解决了考教分离问题，并且将广大教师从繁重的命题工作中解放出来，同时也确保了学生成绩的公平和公正。本系统提供了身份识别、随机抽题、计时考试、自动阅卷、成绩查询、后台管理等功能，具有较强的实际应用价值。

11.1　系统功能

11.1.1　在线考试系统简介

本章所介绍的在线考试系统实现了从题库中随机抽取考试题目，这样可以解决学生押题、考前漏题、补考和缓考试题与正常考试题量及难度差异等问题。系统要解决的三个关键问题，即智能考试、数据安全、考务管理。

本系统的目标是建立一个以数据为核心的技术先进、扩展性强、应用广泛、具有较高可靠性和安全性的在线考试系统。客户端和服务器端功能各自独立，又相互依赖，形成结构合理、具有较强互动功能的在线考试系统。

11.1.2　系统需求分析

建立完备的试题库，整合现有的考试资源，提高资源的利用率和当前的工作效率；利用计算机自动生成试卷，减少教师负担，提高试卷的科学性，同时也防止考生抄袭作弊；登录后可以根据用户类型的不同分别进入不同的界面，身份验证严格；考生答完卷后答案自动存储，若时间已到而试题未答完则自动保存成绩后强行退出；设定自动阅卷功能，标准化试题由于答案固定，可以让计算机自动将考生答案和标准化答案比对，自动生成成绩，确保成绩的公平和公正，从而利于教学改进。系统根据用户性质不同开发三类不同的客户端程序，为不同用户所使用。

管理员用户，其主要功能是学生管理、教师管理、考试科目管理等；教师用户，其主要功能是试题设计与发布、编写试题答案、题库建设、学生成绩查询等；对于学生用户，本系统为其提供考试、成绩查询功能。

11.1.3 系统实现目标

系统开发采用了 B/S 模式。在线考试系统中，学生可以进行的操作有：登录、修改密码、选择考试科目、在线计时考试、提交试卷、查看考试成绩；教师可以进行的操作有：登录、修改密码、对考试题目进行添加、修改和发布，查询学生的考试成绩；管理员可以进行的操作有：登录、修改密码、添加学生、添加教师和考试科目信息。系统功能模块如图 11-1 所示。

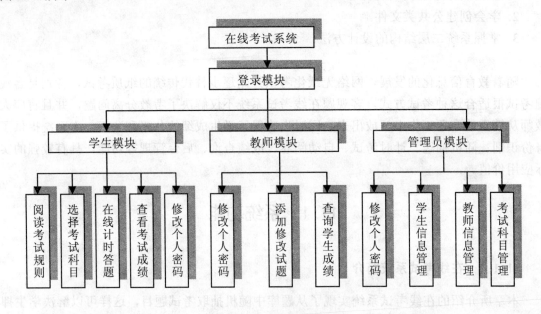

图 11-1 系统功能模块

11.2 系统体系结构

11.2.1 Web 系统结构

Web 应用程序可以不分层，也可分二层、三层或多层。不分层的体系结构是指所有的操作都在页面上直接完成，这种方式适合较小的系统，可以快速实现；二层体系结构是指将和数据库打交道的操作都编写为方法放在公共类文件中，供页面直接调用，这种方式避免了页面直接访问数据库，减少了一些相似操作的代码重复，使系统逻辑结构更清晰；三层及多层结构在层与层之间相互独立，任何一层的改变都不会影响其他层的功能。

二层结构的系统开发和维护较三层的要简单，且访问速度快。三层结构在安全性、稳定性及大量并发控制方面要强于两层结构，它不会让客户端直接面对数据库，减少了由于客户端被破解而给数据库带来损失的风险，并且可以比较妥善地解决多用户并发带来的服务器拥挤。但是在客户端比较少的情况下，可以考虑两层结构，因为它在开发、维护和执行效率上都具有一定的优势。

11.2.2 系统二层结构

一般来说，二层体系结构的应用程序包含页面显示层和数据访问层。页面显示层调用数据访问层的类方法以完成页面上的操作。

（1）数据访问层

只要和数据库打交道的都属于数据访问层，在.cs 文件中都要引用命名空间：using System.Data.SqlClient;

（2）页面显示层

直接和用户进行交互，一般在客户端浏览器上完成。

本系统采用二层体系结构。如图 11-2 所示。

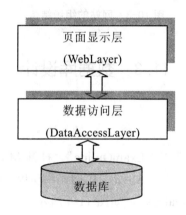

图 11-2 系统的二层体系结构

11.2.3 系统文件预览

在网站中，App_Code 文件夹中存放数据访问层的类文件 BaseClass.cs，可以被页面直接引用；登录页面和验证码页面直接放在网站根目录下，其他显示层页面按功能模块不同放在相应的文件夹中。文件夹 Admin、Student、Teacher 中分别存放管理员、学生和教师模块的页面文件，在这里只展开了学生文件夹中的页面。网站的整个组织结构如图 11-3 所示。

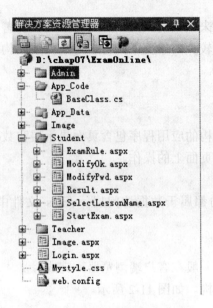

图 10-3 网站的组织结构

11.3 数据库设计

11.3.1 创建网站

在磁盘的某个位置建立文件夹"ExamOnline"。打开 Microsoft Visual Studio，执行"文件"→"新建"→"网站"，选择"ASP.NET 网站"模板，选择文件夹"ExamOnline"为网站位置，选择语言为"Visual C#"，如图 11-4 所示。

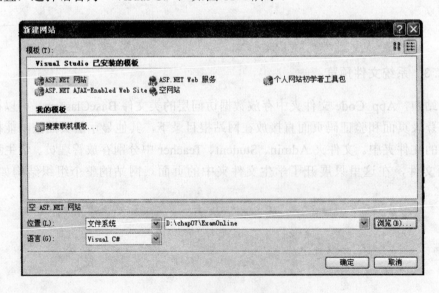

图 11-4 新建网站"ExamOnline"

11.3.2 数据表 E-R 图

数据库文件包含 6 张表：学生表、教师表、管理员表、考试科目表、考试记录表、试题表。这 6 张表的 E-R 图，如图 11-5 至图 11-10 所示。

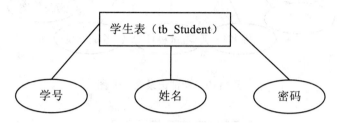

图 11-5 学生表 E-R 图

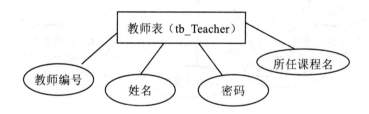

图 11-6 教师表 E-R 图

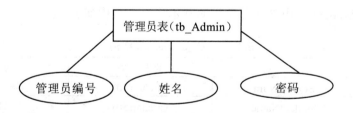

图 11-7 管理员表 E-R 图

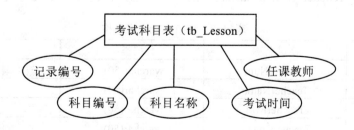

图 11-8 考试科目表 E-R 图

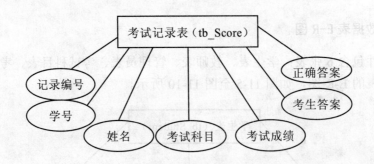

图 11-9 考试记录表 E-R 图

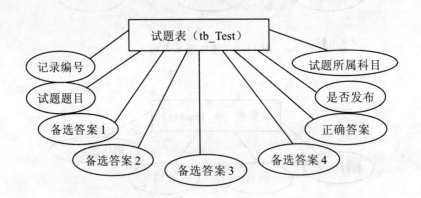

图 11-10 试题表 E-R 图

11.3.3 设计表结构

（1）tb_Student 表用来保存学生的基本信息，结构如表 11-1 所示。

表11-1 tb_Student 表结构

字段序号	字段名称	数据类型	说明
1	StudentNum	varchar(50)	学号（主键）
2	StudentName	varchar(50)	姓名
3	StudentPwd	varchar(50)	密码

（2）tb_Teacher 表用来保存教师的基本信息，结构如表 11-2 所示。

表11-2 tb_Teacher 表结构

字段序号	字段名称	数据类型	说明
1	TeacherNum	varchar(50)	教师编号（主键）
2	TeacherName	varchar(50)	姓名
3	TeacherPwd	varchar(50)	密码
4	TeacherCourse	varchar(50)	所任课程名

（3）tb_Admin 表用来保存管理员的基本信息，结构如表 11-3 所示。

表11-3　tb_Admin的结构

字段序号	字段名称	数据类型	说明
1	AdminNum	varchar(50)	管理员编号（主键）
2	AdminName	varchar(50)	姓名
3	AdminPwd	varchar(50)	密码

（4）tb_Lesson 表用来保存所有考试科目信息，结构如表 11-4 所示。

表11-4　tb_Lesson的结构

字段序号	字段名称	数据类型	说明
1	ID	int	记录编号（主键）
2	LessonID	varchar(50)	科目编号
3	LessonName	varchar(50)	科目名称
4	LessonDateTime	datetime	考试时间
5	LessonTeacher	varchar(50)	任课教师

（5）tb_Score 表用来保存所有参加过考试的考生的考试记录，结构如表 11-5 所示。

表11-5　tb_Score的结构

字段序号	字段名称	数据类型	说明
1	ID	int	记录编号（主键）
2	StudentID	varchar(50)	学号（主键）
3	LessonName	varchar(50)	姓名
4	StudentName	varchar(50)	考试科目
5	Score	int	考试成绩
6	StudentAns	varchar(50)	考生答案
7	RightAns	varchar(50)	正确答案

（6）tb_Test 表用来保存所有考试试题信息，结构如表 11-6 所示。

表11-6　tb_Test的结构

字段序号	字段名称	数据类型	说明
1	ID	int	记录编号（主键）
2	TestContent	varchar(200)	试题题目
3	TestAns1	varchar(50)	备选答案1
4	TestAns2	varchar(50)	备选答案2
5	TestAns3	varchar(50)	备选答案3
6	TestAns4	varchar(50)	备选答案4
7	RightAns	varchar(50)	正确答案
8	Pub	int	是否发布
9	TestCourse	varchar(50)	试题所属科目

11.3.4 创建数据库

启动 Microsoft SQL Server 创建数据库文件 db_ExamOnline，并保存到网站的 App_Data 文件夹中。在数据库文件 db_ExamOnline 下创建数据表 tb_Student、tb_Teacher、tb_Admin、tb_Lesson、tb_Score、tb_Test，表结构创建完毕，如图 11-11 至图 11-16 所示。

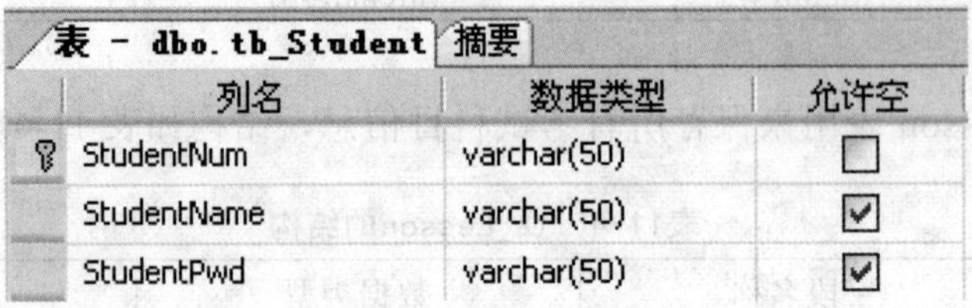

列名	数据类型	允许空
🔑 StudentNum	varchar(50)	☐
StudentName	varchar(50)	☑
StudentPwd	varchar(50)	☑

图 11-11　tb_Student 表结构

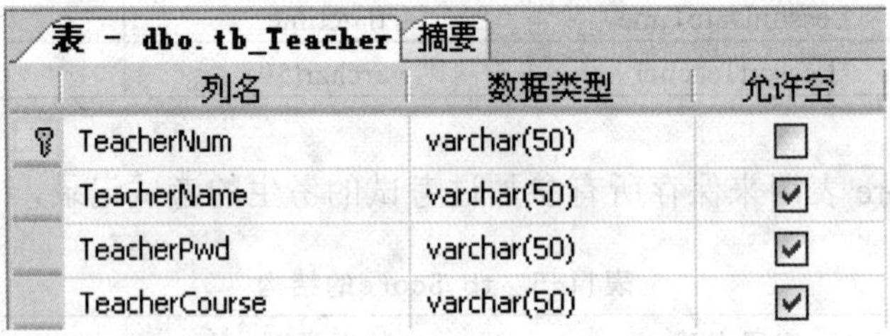

列名	数据类型	允许空
🔑 TeacherNum	varchar(50)	☐
TeacherName	varchar(50)	☑
TeacherPwd	varchar(50)	☑
TeacherCourse	varchar(50)	☑

图 11-12　tb_Teacher 表结构

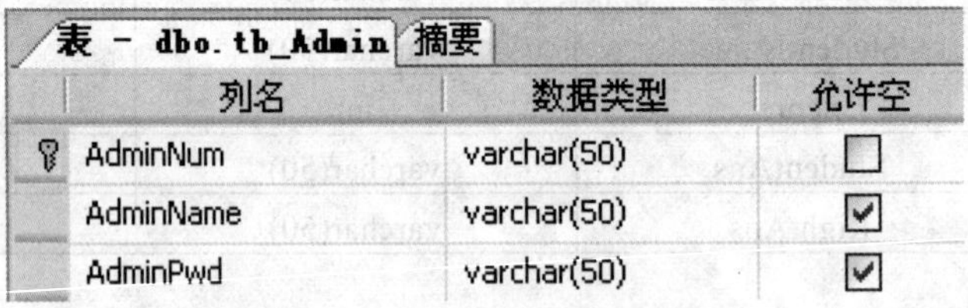

列名	数据类型	允许空
🔑 AdminNum	varchar(50)	☐
AdminName	varchar(50)	☑
AdminPwd	varchar(50)	☑

图 11-13　tb_Admin 表结构

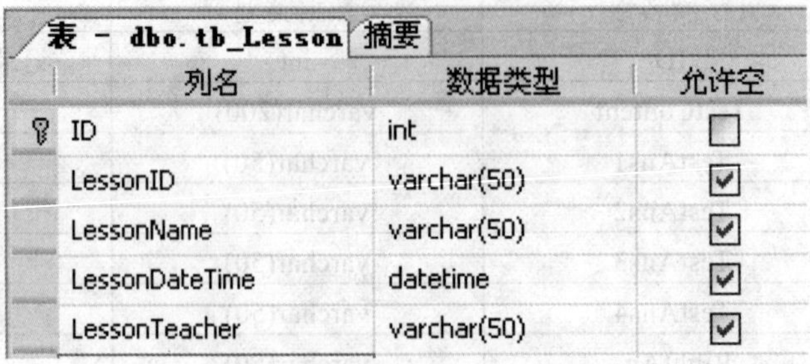

列名	数据类型	允许空
🔑 ID	int	☐
LessonID	varchar(50)	☑
LessonName	varchar(50)	☑
LessonDateTime	datetime	☑
LessonTeacher	varchar(50)	☑

图 11-14　tb_Lesson 表结构

表 - dbo.tb_Score		
列名	数据类型	允许空
ID	int	☐
StudentID	varchar(50)	☑
LessonName	varchar(50)	☑
Score	int	☑
StudentName	varchar(50)	☑
StudentAns	varchar(50)	☑
RightAns	varchar(50)	☑

图 11-15　tb_Score 表结构

表 - dbo.tb_Test		
列名	数据类型	允许空
ID	int	☐
TestContent	varchar(200)	☑
TestAns1	varchar(50)	☑
TestAns2	varchar(50)	☑
TestAns3	varchar(50)	☑
TestAns4	varchar(50)	☑
RightAns	varchar(50)	☑
Pub	int	☑
TestCourse	varchar(50)	☑

图 11-16　tb_Test 表结构

特别提示：

含有标识列的表在输入记录时若不能输汉字是因为鼠标点在了标识列内，要做的是避免把光标放到自增列里，或者先将自增列取消.这样就可以输入汉字了（当然，修改完后要还原自增列）。

关于标识列：

在很多种情况下，存储的信息中很难找到不重复的信息作为列的主键。Microsoft SQL Server 提供了一个"标识列"，其列值是自动增长的，不会重复，可以用来表示记录的唯一性。标识列本身没有具体的意义，只是用来区分不同的记录。

设置标识列的方法：

一般列名可设为 ID，表示记录的编号，类型是 int，需要指定"标识种子"和"标识递增量"，默认值都是 1。定义了标识列之后，在以后每次输入数据的时候，该列随数据行的增加自动增加数字，并且不会重复，第一次的数字就是"标识种子"值，以后每次按照"标识递增量"增加数值。标识列通常被定义为主键，所谓"自动编号"就是指标识列的数据自动增加。

11.4 创建类文件

11.4.1 App_Code 文件夹的作用

App_Code 文件夹在 Web 应用程序根目录下，存储应用程序动态编译的类文件。这些类文件自动链接到应用程序，不需要在页面中添加任何显式指令或声明来创建依赖性。在系统开发时，对 App_Code 文件夹的位置或名称的更改会导致整个应用程序重新编译。因此，应用程序专用的辅助类大多应当放置在 App_Code 文件夹中。

11.4.2 BaseClass.cs 类文件

1. 添加新项

在 App_Code 文件夹下添加新项，选择模板为"类"，给类文件命名为"BaseClass.cs"，单击"添加"按钮。如图 11-17 所示。

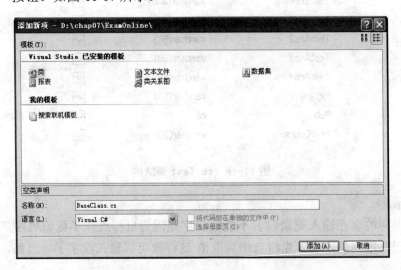

图 11-17 添加"BaseClass.cs"类文件

2. 编写方法

"BaseClass.cs"类文件包含 6 个方法，完成数据库连接、识别用户身份、绑定数据、执行操作等功能。在 BaseClass.cs 文件中引用以下命名空间：

using System.Data.SqlClient;

（1）DBCon()方法

功能：完成建立数据库连接参数。代码如下：

```
public static SqlConnection DBCon()      //用于建立数据库连接的方法
{
    return new SqlConnection("server=.;database=db_ExamOnline;uid=sa;pwd=123456");
        /*
```

```
            SqlConnection  conn= new SqlConnection("server=.;database=db_ExamOnline;user id=sa;pwd=123456");
            return  conn;
            或
            SqlConnection conn= new SqlConnection();
            conn.ConnectionString   ="server=.;database=db_ExamOnline;user  id=sa;pwd=123456";
            return conn;*/
    }
```

（2）CheckStudent()方法

功能：接收传来的学号和密码，若该记录存在，则返回 true，否则返回 false。代码如下：

```
    public static bool CheckStudent(string studentNum, string studentPwd)
    {
            SqlConnection conn = DBCon();
            conn.Open();
            SqlCommand cmd = new SqlCommand("select count(*) from tb_Student where StudentNum='" +studentNum + "' and StudentPwd='" + studentPwd + "'", conn);
            int i = Convert.ToInt32(cmd.ExecuteScalar());
            if (i > 0)
            {
                return true;
            }
            else
            {
                return false;
            }
            conn.Close();
    }
```

（3）CheckTeacher()方法

功能：接收传来的教师号和密码，若该记录存在，则返回 true，否则返回 false。代码如下：

```
    public static bool CheckTeacher(string teacherNum, string teacherPwd)
    {
            SqlConnection conn = DBCon();
            conn.Open();
            SqlCommand cmd = new SqlCommand("select count(*) from tb_Teacher where TeacherNum='" + teacherNum + "' and TeacherPwd='" + teacherPwd + "'", conn);
```

```
            int i = Convert.ToInt32(cmd.ExecuteScalar());
            if (i > 0)
            {
                return true;
            }
            else
            {
                return false;
            }
            conn.Close();
}
```

（4）CheckAdmin()方法

功能：接收传来的教师号和密码，若该记录存在，则返回 true，否则返回 false。代码如下：

```
public static bool CheckAdmin(string adminNum, string adminPwd)
{
            SqlConnection conn = DBCon();
            conn.Open();
            SqlCommand cmd = new SqlCommand("select count(*) from tb_Admin where AdminNum='" + adminNum + "' and adminPwd='" + adminPwd + "'", conn);
            int i = Convert.ToInt32(cmd.ExecuteScalar());
            if (i > 0)
            {
                return true;
            }
            else
            {
                return false;
            }
            conn.Close();
}
```

（5）BindDG()方法

功能：将执行 SQL 语句的结果集绑定到 GridView 控件上。代码如下：

```
public static void BindDG(GridView dg, string id, string strSql, string Tname)
{
            SqlConnection conn = DBCon();
            SqlDataAdapter sda = new SqlDataAdapter(strSql, conn);
            DataSet ds = new DataSet();
```

```
            sda.Fill(ds, Tname);
            dg.DataSource = ds.Tables[Tname];
            dg.DataKeyNames = new string[] { id };
            dg.DataBind();
}
```

（6）OperateData()方法

功能：执行 SQL 操作。代码如下：

```
public static void OperateData(string strsql)
{
            SqlConnection conn = DBCon();
            conn.Open();
            SqlCommand cm = new SqlCommand();
            cm.Connection = conn;
            cm.CommandText = strsql;
            cm.ExecuteNonQuery();
            conn.Close();
}
```

11.5　登录模块

11.5.1　验证码页面 Image.aspx

1. 添加页面文件，引用命名空间

在网站的根目录下添加 Image.aspx 文件，在 Image.aspx.cs 页面中引用命名空间：

```
using System.IO;
using System.Drawing.Imaging;
using System.Drawing;
```

页面的功能是产生验证码图像，无需进行页面布局。

2. Image.aspx.cs 文件结构

在 Image.aspx.cs 文件中，主要代码是 Page_Load()事件和 2 个自定义方法，文件结构如下：

```
public partial class Image : System.Web.UI.Page
{
private string RndNum()                      //产生验证码方法
    { …… }
private void ValidateCode(string VNum)       //显示验证码方法
    { …… }
protected void Page_Load(object sender, EventArgs e)
```

```
        {    ……    }
}
```

3. Page_Load 事件

功能：调用两个自定义方法，输出验证码图像。代码如下：

```
protected void Page_Load(object sender, EventArgs e)
{
        string tmp = RndNum();
                                //调用 RndNum()方法返回字符串类型的验证码
        Session.Contents ["verify"] = tmp;
                                //将产生的验证码保存在 Session 对象的变量中
        ValidateCode(tmp);              //调用显示验证码
}
```

4. RndNum()方法

在 Page_Load()事件中调用的方法 RndNum()，其作用是产生验证码。代码如下：

```
private string RndNum()         //产生验证码函数
{
        char[] allCharArray ={ '0', '1', '2', '3', '4', '5', '6', '7', '8', '9', 'A', 'B', 'C', 'D', 'E', 'F',
'G', 'H', 'I', 'J', 'K', 'L', 'M', 'N', 'O', 'P', 'Q', 'R', 'S', 'T', 'U', 'W', 'X', 'Y', 'Z', 'a', 'b', 'c', 'd', 'e', 'f', 'g',
'h', 'i', 'j', 'k', 'l', 'm', 'n', 'o', 'p', 'q', 'r', 's', 't', 'u', 'w', 'x', 'y', 'z' };
            //以下代码等价于直接用初始化方法赋值
            /*char[] str = new char[62];    //10个数字加上大小写字母52个，共62个字符
            for (i = 0; i <= 9; i++)
               str[i] = Convert.ToChar(48 + i);
            for (j = 10; j <= 35; j++)
               str[j] = Convert.ToChar(55 + j);
            for (k = 36; k <= 61; k++)
               str[k] = Convert.ToChar(61 + k);*/
        Random rd = new Random();
        string randomCode = "";
        for (int i = 0; i < 4; i++)
             randomCode += allCharArray[rd.Next(allCharArray.Length)];
        return randomCode;
        //以下代码可产生数字验证码
        /*Random rd = new Random();
        int x=rd.Next(1000,9999);
        string VNum = Convert.ToString(x);
        return VNum;*/
}
```

5. ValidateCode()方法

功能：产生包含数字、字母和干扰线的验证码图像，并在客户端输出。代码如下：

```csharp
private void ValidateCode(string VNum)     //显示验证码函数
{
    Bitmap Img = null;                      //定义一个图形类对象
    Graphics g = null;                      //定义一个画图类对象
    int gwidth = VNum.Length *9 ;           //根据随机数所含字符数计算图形宽度
    Img = new Bitmap(gwidth,18);            //定义一个图形对象的宽为 gwidth,高为 18
    g = Graphics.FromImage(Img);            //画图类对象 g 在 Img 上画图
    g.Clear(Color.WhiteSmoke);              //背景颜色为 WhiteSmoke 烟白色
    Font f = new Font("Tahoma", 10);
                                            //创建文字字体对象 f，字体为 Tahoma，大小为 9pt
    SolidBrush s = new SolidBrush(Color.Red);
                                            //创建笔刷对象 s,文字颜色为 Red
    Random rand = new Random();             //定义一个随机类对象 rand
    Pen pen1 = new Pen(Color.Gray);
                                            //定义钢笔对象 pen1，用于绘制两条横向干扰线
    for (int i = 0; i < 2; i++)
    {
        Point p1 = new Point(0, rand.Next(18));      //定义起点
        Point p2 = new Point(36, rand.Next(18));     //定义终点
        g.DrawLine(pen1, p1, p2);                    //绘制直线
    }
    Pen pen2 = new Pen(Color.Gray);         //定义钢笔 2，用于绘制两条纵向干扰线
    for (int i = 0; i < 2; i++)
    {
        Point p1 = new Point(rand.Next(36), 0);      //定义起点
        Point p2 = new Point(rand.Next(36), 18);     //定义终点
        g.DrawLine(pen2, p1, p2);                    //绘制直线
    }
    g.DrawString(VNum, f, s, 1,1);          //画字符串随机数
    MemoryStream ms = new MemoryStream();   //创建一个内存数据流对象
    Img.Save(ms, ImageFormat.Jpeg);
                                            //将图形保存到内存数据流中，格式为 Jpeg
    Response.ClearContent();                //清除缓冲区内容
    Response.ContentType = "image/Jpeg";    //获取输出流的类型
    Response.BinaryWrite(ms.ToArray());
                                            //将一个二进制字符串写入 HTTP 输出流
```

```
            g.Dispose();        //释放 g 对象所占据的资源，类似 close()方法
            Img.Dispose();      //释放 Img 对象所占据的资源，类似 close()方法
            Response.End();     //停止页面的执行
}
```

11.5.2 登录页面 Login.aspx

1. 创建图像文件 login.jpg

先在网站的根目录下创建文件夹 Image，在图像处理软件中创建图像文件 Login.jpg，存放在 Image 文件夹中。该文件在进行页面布局时用于背景图片。

（提示：存一份.psd 格式的文件，便于修改）

例如大小选择：450px×300px，分辨率 72 像素/英寸，如图 11-18 所示。

图 11-18　背景图片

2. 创建登录页面 Login.aspx

（1）页面布局

在网站的根目录下添加 Login.aspx 文件。进行页面布局，如图 10-19 所示。

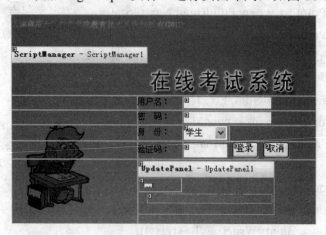

图 11-19　登录页面布局

表格：在一定程度上控制文本和图像在网页中的位置。表格的基本结构：6 行 5 列。
<table align="center" border="0" width="450" height="300" background="Image/login.jpg" >
　　<tr>
　　　　<td colspan="5" ……>
　　　　　……
　　　　</td>
　　</tr>
</table>

（2）验证码刷新问题解决方案

在登录时，验证码看不清楚需要换一个时，系统应自动解决验证码刷新问题。需要进行以下操作：

a) 从网上下载文件 ASPAJAXExtSetup.msi，按提示自动安装。

b) 启动 Microsoft Visual Studio，在工具箱中的"AJAX Extensions"选项下出现 ScriptManager、Updatepanel 控件。

c) 在第 1 行位置先添加 ScriptManager 控件，再在第 6 行位置添加 Updatepanel 控件。

d) 在 Updatepanel 中加入 ImageButton，ImageUrl 属性值链接 Image.aspx 文件（产生验证码的文件）和 LinkButton,在 text 属性位置写：看不清？换一个验证码。参考代码如下：

```
<tr>
<td colspan="5" height="110">
            <asp:ScriptManager ID="ScriptManager1" runat="server"></asp:ScriptManager>
    </td>
</tr>
<tr>
        <td style="height: 89px"> </td>
        <td colspan="4" style="height: 89px" >
            <asp:UpdatePanel ID="UpdatePanel1" runat="server">
              <ContentTemplate>
                    <asp:ImageButton ID="ImageButton1" runat="server" ImageUrl=" ~/Image.aspx" Width="63px" Height="20px" Enabled="False" />  <asp:LinkButton ID="LinkButton1" runat="server" Width="184px" Font-Overline="False" ForeColor="Lime" Font-Bold="True">看不清楚？换一个验证码</asp:LinkButton>
              </ContentTemplate>
            </asp:UpdatePanel>
        </td>
</tr>
```

3."登录"按钮单击事件

功能：判断输入的验证码是否正确，若正确，再根据用户身份判断用户是否存在，若存在则跳转到相应页面。代码如下：

```csharp
protected void btnLogin_Click(object sender, EventArgs e)
{
    if (txtCode.Text.Trim() != Session.Contents["verify"].ToString())
    {
        Response.Write("<script>alert('验证码错误');location='Login.aspx'</script >");
                                                                //嵌入 JavaScript 语句
    }
    else
    {
        if (this.ddlStatus.SelectedValue == "学生")
        {
            if ( BaseClass.CheckStudent(txtNum.Text.Trim(), txtPwd.Text.Trim()))
                //调用公共类中的方法，值为 true，则执行
            {
                Session.Contents["ID"] = txtNum.Text.Trim();        //保存用户名
                Response.Redirect("student/ExamRule.aspx");//跳转到 ExamRule.aspx
            }
            else
            {
                Response.Write("<script>alert('您不是学生或者用户名和密码错误');location='Login.aspx'</script>");
            }
        }
        if (this.ddlStatus.SelectedValue == "教师")
        {
            if (BaseClass.CheckTeacher(txtNum.Text.Trim(), txtPwd.Text.Trim()))
                            //调用公共类中的方法，值为 true，则执行
            {
                Session.Contents["ID"] = txtNum.Text;       //保存用户名
                Response.Redirect("teacher/TManage.aspx");//跳转到 TeacherManage.aspx
            }
            else
            {
                Response.Write("<script>alert('您不是教师或者用户名和密码错误');location='Login.aspx'</script>");
            }
        }
```

```
                if (this.ddlStatus.SelectedValue == "管理员")
                {
                    if (BaseClass.CheckAdmin(txtNum.Text.Trim(), txtPwd.Text.Trim()))
                                        //调用公共类中的方法，值为 true，则执行
                    {
                    Session.Contents["ID"] = txtNum.Text;       //保存用户名
                    Response.Redirect("Admin/AManage.aspx");//跳转到 AdminManage.aspx
                    }
                    else
                    {
                        Response.Write("<script>alert('您不是管理员或者用户名和密码错误');location='Login.aspx'</script>");
                    }
                }
            }
```

4. "取消"按钮单击事件

功能：清空已输入的信息，重新输入。代码如下：

```
protected void btnConcel_Click(object sender, EventArgs e)
{
        txtNum.Text="";
        txtPwd.Text="";
        txtCode.Text="";
        ddlStatus .SelectedValue="学生";
}
```

5. 运行页面

运行 Login.aspx 页面，显示结果如图 11-20 所示。

图 11-20　Login.aspx 运行结果

11.6 学生模块

在网站根目录下建立 Student 文件夹，所有页面文件全部放在该文件夹中。模块包括页面如下：

- 阅读考试规则　　　　ExamRule.aspx
- 修改密码　　　　　　ModifyPwd.aspx
- 提示修改密码成功　　ModifyOk.aspx
- 选取考试科目　　　　SelectLesson.aspx
- 随机抽取试题并答题　StartExam.aspx
- 自动评分显示成绩　　ExamResult.aspx

11.6.1 阅读考试规则页面 ExamRule.aspx

网页功能：阅读考试规则，若选择已阅读，则执行"下一步"，转向选择考试科目页面 SelectLesson.aspx 页面；若未阅读，则提示必须阅读。在此页面上还跳转到修改个人密码页面。

1. 页面布局

在网站的 Student 目录下添加 ExamRule.aspx 文件，页面布局如图 11-21 所示。

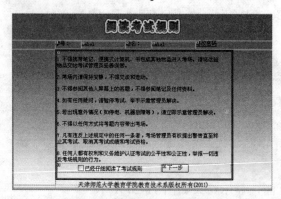

图 11-21 ExamRule.aspx 页面布局

（1）布局说明

表格的基本结构是 4 行 6 列。其中背景文件使用图像文件 ExamRule.jpg，两个 Label 控件分别显示登录用户的学号和姓名，这个在页面的 Page_Load 事件中完成；HyperLink 控件用于跳转到 ModifyPwd.aspx 页面；考试规则写在了 Panel 控件中，其中复选框和按钮控件用一行一列的表格嵌在了 Panel 控件中。

（2）表格背景文件

在图像处理软件中创建图像文件 ExamRule.jpg，存放在 Image 文件夹中。该文件在进行页面布局时用于背景图片。代码如下：

```
<table align="center" border="0" cellpadding=0 cellspacing=0 background="../Image/
```

ExamRule.jpg" style="width: 600   height: 400px " >
　　……
　</table>

创建的文件大小，建议选择 600px×400px，分辨率 72 像素/英寸，如图 11-22 所示。

图 11-22　背景图片

2．编写 Page_Load 事件

功能：在页面上显示考生学号和姓名。在 ExamRule.aspx.cs 中引用以下命名空间：
using System.Data.SqlClient;

双击页面"设计"视图，编写 Page_Load 事件。代码如下：

```
protected void Page_Load(object sender, EventArgs e)
{
        if (!IsPostBack)         //如果页面是第一次加载
        {
            lblNum.Text = Session.Contents["ID"].ToString(); //在 Label 控件中显示学号
            SqlConnection conn = BaseClass.DBCon();           //创建数据连接对象
            conn.Open();                                      //打开连接
            SqlCommand cmd = new SqlCommand("select * from tb_Student where StudentNum='" + Session["ID"].ToString() + "'", conn);//执行 SQL 语句
            SqlDataReader sdr = cmd.ExecuteReader();
            if (sdr.Read())                                   //读取记录
            {
                lblName.Text = sdr["StudentName"].ToString();
                                                              //在 lblName 控件中显示考生姓名
                conn.Close();
                Session["name"] = lblName.Text;      //保存姓名到 Session 对象变量中
            }
        }
}
```

3. 编写"下一步"按钮的单击事件

功能：单击"下一步"按钮，若未选择复选框，则提示用户接受考试规则。否则，跳转到选择考试科目页面。代码如下：

```
protected void Button1_Click(object sender, EventArgs e)
    {
        if (ckbCheck.Checked == true)
            Response.Redirect("SelectLesson.aspx");
        else
            Response.Write("<script>alert('请接受考试规则！')</script>");
    }
```

11.6.2 修改密码页面 ModifyPwd.aspx

1. 页面布局

在 Student 文件夹中添加 ModifyPwd.aspx 页面，页面布局如图 11-23 所示。

图 10-23 ModifyPwd.aspx 页面布局

布局说明：表格的基本结构是 5 行 2 列。使用的控件中主要包含 3 个 label 控件、3 个 TextBox 控件、1 个验证控件、3 个 Button 控件。验证控件 compareValidator 是为了比较两次输入的新密码是否一致。

2. 编写"确认"按钮单击事件

在 ModifyPwd.aspx 页面引入以下命名空间：

using System.Data.SqlClient;

功能：先判断旧密码是否正确，若正确，则进行密码修改并跳转到修改成功页面 ModifyOk.aspx，最后返回到 ExamRule.aspx 页面。代码如下：

```
protected void btnSubmit_Click(object sender, EventArgs e)
    {
        SqlConnection conn = BaseClass.DBCon();      //创建连接数据库对象
        SqlCommand selectCmd = new SqlCommand("select * from tb_Student where studentNum='" + Session["ID"].ToString() + "'and studentPwd='" + txtOldPwd.Text.Trim() + "'", conn);      //根据用户名和旧密码查询用户
        conn.Open();      //打开连接
        SqlDataReader sdr = selectCmd.ExecuteReader();
```

```
            if (sdr.Read())        //如果旧密码正确，进行密码修改
            {
                sdr.Close();
                SqlCommand updateCmd = new SqlCommand("update tb_Student set studentPwd='" + txtNewPwd.Text.Trim() + "'where studentNum='" + Session["ID"].ToString() + "'", conn);
                int i = updateCmd.ExecuteNonQuery();
                if (i > 0)
                    Response.Redirect("ModifyOk.aspx");
                else
                    Response.Write("<script language=javascript>alert('修改密码失败！')</script>");
            }
            else
                Response.Write("<script language=javascript>alert('您输入的旧密码错误，检查后重新输入！')</script>");
            conn.Close();                                       //关闭连接
}
```

3. 编写"重置"按钮单击事件

功能：清空输入的修改密码信息，重新输入。代码如下：

```
protected void btnReset_Click(object sender, EventArgs e)
{
    txtOldPwd.Text = "";
    txtNewPwd.Text = "";
    txtConfirmPwd.Text = "";
}
```

4. 编写"返回"按钮单击事件

功能：返回到 ExamRule.aspx 页面。

```
protected void btnBack_Click(object sender, EventArgs e)
{
    Response.Redirect("ExamRule.aspx");
}
```

11.6.3 修改密码成功页面 ModifyOk.aspx

1. 页面布局

在 Student 文件夹中添加 ModifyOk.aspx 页面，页面布局如图 11-24 所示。

布局说明：本页面布局较为简单，只包含 1 个 Image 控件、1 个 Label 控件、1 个 Button 控件。其中 Image 控件的 ImageUrl 属性值链接的是 ok.jpg 文件，如图 11-25 所示。

图 11-24 ModifyOk.aspx 页面布局

图 11-25 ok.jpg 文件

2. "返回" 按钮的单击事件

功能：返回 ExamRule.aspx 页面。代码如下：

```
protected void Button1_Click(object sender, EventArgs e)
{
    Response.Redirect("ExamRule.aspx");
}
```

11.6.4 选择考试科目页面 SelectLesson.aspx

1. 页面布局

在 Student 文件夹中添加 SelectLesson.aspx 页面，页面布局如图 10-26 所示。

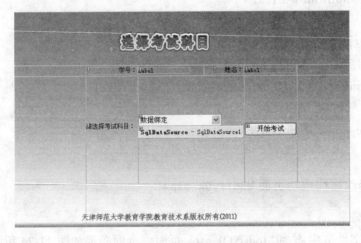

图 11-26 SelectLesson.aspx 页面布局

(1) 布局说明

表格的基本结构是 4 行 6 列，表格的背景文件为 SelectLesson.jpg。表格中有 5 个 Label 控件，其中 2 个 Label 控件分别显示登录用户的学号和姓名；1 个下拉列表框控件，其数据源为静态绑定；Button 控件用于跳转到 StartExam.aspx 页面。

(2) 表格背景文件

在图像处理软件中创建图像文件 SelectLesson.jpg，存放在 Image 文件夹中。该文件在进行页面布局时用于表格的背景图片。代码如下：

```
<table align="center" border="0" cellpadding=0 cellspacing=0 style="width: 600  height: 400px "
background="../Image/SelectLesson.jpg" >
……
</table>
```

创建的文件大小，建议选择 600px×400px，分辨率 72 像素/英寸，如图 11-27 所示。

图 11-27　SelectLesson.jpg 背景图片

(3) DropDownList 控件绑定数据源

利用前面介绍的静态绑定数据源的方法，将 tb_Lesson 数据表中的 LessonName 字段绑定到 DropDownList 控件上。

2．Page_Load 事件

功能：在页面上显示登录用户的学号和姓名。代码如下：

注意引用命名空间：

```
using System.Data.SqlClient;
protected void Page_Load(object sender, EventArgs e)
{
        if (!IsPostBack)         //如果页面是第一次加载
        {
            lblNum.Text = Session.Contents["ID"].ToString();
                                                                 //在 Label 控件中显示学号
```

```csharp
            SqlConnection conn = BaseClass.DBCon();           //创建数据连接对象
            conn.Open();                                       //打开连接
            SqlCommand cmd = new SqlCommand("select * from tb_Student where StudentNum='" + Session["ID"].ToString() + "'", conn);        //执行 SQL 语句
            SqlDataReader sdr = cmd.ExecuteReader();           //获取查询结果
            if (sdr.Read())                                    //读取记录
            {
                lblName.Text = sdr["StudentName"].ToString();
                                                               //在 lblName 控件中显示考生姓名
                conn.Close();
                Session["name"] = lblName.Text;    //保存姓名到 Session 对象变量中
            }
        }
    }
```

3．编写"开始考试"按钮单击事件

功能：若在 tb_Score 中查到考生所需选择的科目的考试记录，则提示"你已经参加过此科目的考试了"；否则，根据选择的科目到 tb_Lesson 表中查询是否有该科目考试题，若有则转向考试页面 StartExam.aspx，并将考生的学号、考试科目名称、考生姓名作为一条记录写到 tb_Score 表中。否则，提示"此科目没有考试题"。代码如下：

```csharp
    protected void Button1_Click(object sender, EventArgs e)
    {
            string StuID = Session["ID"].ToString();         //考生的编号
            string StuKC = ddlKm.SelectedItem.Text;          //选择的考试科目
            SqlConnection conn = BaseClass.DBCon();          //连接数据库
            conn.Open();                                     //打开连接
            SqlCommand cmd = new SqlCommand("Select count(*) from tb_Score where StudentID='" + StuID + "' and LessonName='" + StuKC + "'", conn);     //执行 SQL 语句
            int i = Convert.ToInt32(cmd.ExecuteScalar());    //获取查询结果的第 1 行第 1 列
            if (i > 0)
                Response.Write("<script language=javascript>alert('你已经参加过此科目的考试了')</script>");
            else
            {
                cmd = new SqlCommand("select count(*) from tb_test where testCourse='" + StuKC + "'", conn);      //查询是否有输入的考试科目
                int n = Convert.ToInt32(cmd.ExecuteScalar());
                                                             //获取查询结果的第 1 行第 1 列
                if (n > 0)
```

```
                {
                    cmd = new SqlCommand("insert into tb_Score(StudentID,Lesson
Name,StudentName)values('" + StuID + "','" + StuKC + "','"+ lblName.Text+ "')", conn);
                                                    //在 tb_Score 表中插入一条考试记录
                    cmd.ExecuteNonQuery();                //执行非查询命令
                    conn.Close();                         //关闭连接
                    Session["KM"] = StuKC;                //保存考试科目名称到 Session 中
                    Response.Redirect("StartExam.aspx");  //跳转到考试页面
                }
                else
        Response.Write("<script language=javascript>alert('此科目没有考试题')</script>");
        }
}
```

11.6.5 考试答题页面 StartExam.aspx

1. 页面布局

在 Student 文件夹中添加 StartExam.aspx 页面，页面布局如图 11-28 所示。

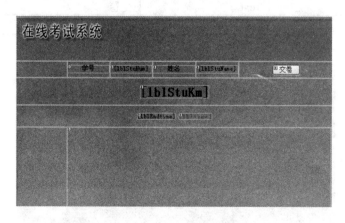

图 11-28 StartExam.aspx 页面布局

（1）布局说明

表格的基本结构是 5 行 6 列，其中背景文件使用 StartExam.jpg。表格中有 7 个 Label 控件、1 个 Button 控件、1 个 Panel 控件。控件主要属性设置如表 11-7 所示。

Label 控件分别用来显示登录用户的学号、姓名、科目名称、考试时间信息提示，这些功能是在页面的 Page_Load 事件中完成的；倒计时信息是用 JavaScript 代码完成的；"交卷"单击事件完成试卷的随机抽题和显示功能。页面运行后，显示效果如图 11-29 所示。

表11-7 设置Login.aspx页面控件的属性

序号	控件类别	控件属性	属性值
1	Label	ID	Label1
		Text	学号
2	Label	ID	Label2
		Text	姓名
3	Label	ID	lblStuNum
		Text	空（动态显示学号）
4	Label	ID	lblStuName
		Text	空（动态显示姓名）
5	Label	ID	lblStuKm
		Text	空（动态显示考试科目名称）
6	Label	ID	lblEndtime
		Text	空（动态显示考试总时间）
7	Label	ID	lbltime
		Text	空（考试计时器）
8	Button	ID	btnsubmit
		Text	交卷
9	Panel	ID	Panel1

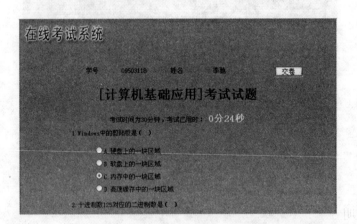

图 11-29 StartExam.aspx 运行效果

（2）表格背景文件

在图像处理软件中创建图像文件 StartExam.jpg，存放在 Image 文件夹中。该文件在进行页面布局时用于背景图片。代码如下：

<table align="center" bgcolor="#ffffff" border="0" cellpadding="0" cellspacing="0" background="../Image/StartExam.jpg" width="600" height="1000" >……
</table>

创建的文件大小，建议选择 600px×1000px，分辨率 72 像素/英寸，如图 11-30 所示。

图 11-30　StartExam.jpg 背景图片

2．计时器设计

考试计时器功能是用 JavaScript 语言完成的。在 StartExam.aspx 页面的"源"视图中，在<body></body>之间嵌入 JavaScript 代码，如下所示：

```
<body>
……
<script language="javascript">
    var sec=0,min=0,hou=0;    //定义变量
    window.setTimeout("ls()",1000);    //在 1000 毫秒后执行 ls()函数
    function ls()
    {
        sec++;
        if(sec==60){sec=0;min+=1;}
        if(min==60){min=0;hou+=1;}
        document.getElementById("lbltime").innerText=min+"分"+sec+"秒";
                            //页面 id 为 lbltime 的元素文本为：min 分 sec 秒
        if(min==2)
            document.getElementById("btnsubmit").click();
                //min 值为 2 时，执行页面 id 为 btnsubmit 的元素的 click()事件
        window.setTimeout("ls()",1000);    //在 1000 毫秒后执行 ls()函数
    }
……
</script>
</body>
```

3．页面的 Page_Load 事件

在 StartExam.aspx 页面上引用命名空间：using System.Data.SqlClient;

功能：显示考生基本信息，随机抽取考试题并将每题的答案保存到字符串变量中。代码如下：

```csharp
protected void Page_Load(object sender, EventArgs e)
{
            lblEndtime.Text = "考试时间为 2 分钟，考试已用时："；        //显示考试提示
            lblStuNum.Text=Session ["ID"].ToString ();           //显示考生编号
            lblStuName.Text = Session["name"].ToString();        //显示考生姓名
            lblStuKm.Text="["+Session ["km"].ToString()+"]"+"考试试题";//显示考试科目
            string rans="";
            int i=1;                //初始化变量
            SqlConnection conn = BaseClass.DBCon();              //连接数据库
            conn.Open();
            SqlCommand cmd=new SqlCommand ("select top 5 * from tb_test where testCourse='"+Session ["km"].ToString ()+"' order by newid()",conn );
                                    //从 tb_test 中随机抽取 5 条记录，newid()是随机排序
            SqlDataReader sdr = cmd.ExecuteReader();   //创建结果集
            while (sdr.Read())                           //显示试题并存储标答
            {
                Literal littxt = new Literal();    //创建 Literal 控件
                Literal litti = new Literal();     //创建 Literal 控件
                RadioButtonList cbk = new RadioButtonList(); //创建 RadioButtonList 控件
                cbk.ID = "cbk" + i.ToString();
                littxt.Text = i.ToString() + "." + Server.HtmlEncode(sdr["testContent"] .ToString()) + "<br><Blockquote>";
                litti.Text = "</Blockquote>";
                cbk.Items.Add("A." + Server.HtmlEncode(sdr["TestAns1"].ToString()));
                                                                    //添加选项 A
                cbk.Items.Add("B." + Server.HtmlEncode(sdr["TestAns2"].ToString()));
                                                                    //添加选项 B
                cbk.Items.Add("C." + Server.HtmlEncode(sdr["TestAns3"].ToString()));
                                                                    //添加选项 C
                cbk.Items.Add("D." + Server.HtmlEncode(sdr["TestAns4"].ToString()));
                                                                    //添加选项 D
                cbk.Font.Size = 11;     //设置文字大小
                for (int j = 1; j <= 4; j++)
                    cbk.Items[j - 1].Value = j.ToString();
                rans += sdr["RightAns"].ToString();
                if (Session["a"] == null)        //判断是否第一次加载
                    Session["Rans"] = rans;
                Panel1.Controls.Add(littxt);     //将控件添加到 Panel 中
```

```csharp
            Panel1.Controls.Add(cbk);          //将控件添加到 Panel 中
            Panel1.Controls.Add(litti);        //将控件添加到 Panel 中
            i++;                               //使 i 递增
        }
        Session["a"] =1 ;
        Session["n"] = i - 1;
        sdr.Close();
        conn.Close();
    }
```

4. "交卷"按钮的单击事件

功能：将考生答案和正确答案保存到 Session 变量中，将试卷正确答案和考生成绩写到考生记录中并跳转到统计成绩页面。代码如下：

```csharp
    protected void btnSubmit_Click(object sender, EventArgs e)
    {
        int n = Convert.ToInt16(Session["n"]);
        string sans = "";                                  //建立变量 sans 存储考生答案
        for (int i = 1; i <= n; i++)
        {
            RadioButtonList list = (RadioButtonList)Panel1.FindControl("cbk" + i.ToString());
            if (list != null)
            {
                if (list.SelectedValue.ToString() != "")
                    sans += list.SelectedValue.ToString();    //存储考生答案
                else
                    sans += "0";                              //如果没有选择为 0
            }
        }
        Session["Sans"] = sans;
        string sql = "update tb_score set RightAns='" + Session["Rans"].ToString() +
"',StudentAns='" + sans + "' where StudentID='" + Session["ID"].ToString() + "'";
        BaseClass.OperateData(sql);
        Response.Redirect ("ExamResult.aspx?BInt="+n.ToString());
                                //跳转到显示考试结果页面，同时传递考题数量
    }
```

11.6.6 显示考试结果页面 ExamResult.aspx

1. 页面布局

在 Student 文件夹中添加 ExamResult.aspx 页面，页面布局如图 11-31 所示。

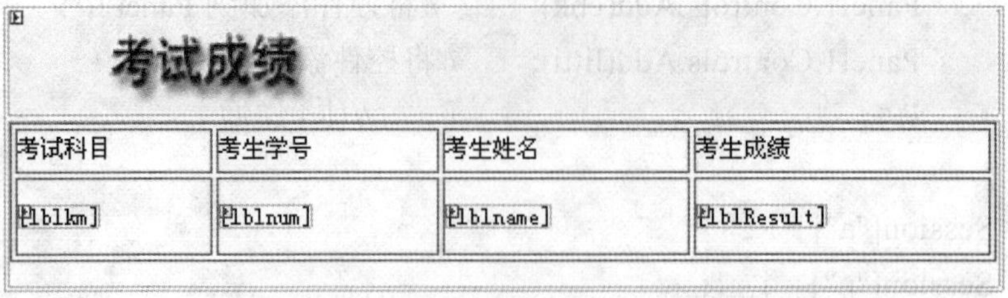

图 11-31 ExamResult.aspx 页面布局

布局说明：表格的基本结构是 2 行 1 列，其中第 1 行放置 1 个 Image 控件，其 ImageUrl 属性值链接的背景文件为 ExamResult.jpg；表格中的第 2 行嵌套了 1 个 2 行 4 列的表格，其中主要有 4 个 Label 控件，分别用于显示考试科目、学号、姓名、成绩。

2. 页面的 Page_Load 事件

功能：统计考试分数并显示在页面上。代码如下：

```csharp
protected void Page_Load(object sender, EventArgs e)
{
    string rans = Session["Rans"].ToString();      //将 Session 存储的正确答案赋给变量 rans
    string sans = Session["Sans"].ToString();      //将 Session 中存储的考生答案赋给变量 sans
        int n = Convert.ToInt32(Request.QueryString["BInt"]); //将考题数量赋给变量 j
        int StuScore = 0;                          //定义存储成绩的变量
        for (int i=0;i<n;i++)                      //自动统计考生分数
            if (rans.Substring(i,1).Equals(sans.Substring(i,1)))
                StuScore += 2;
        lblkm.Text = Session["km"].ToString();     //显示考试科目
        lblnum.Text = Session["ID"].ToString();    //显示考生学号
        lblname.Text = Session["name"].ToString(); //显示考生姓名
        lblResult.Text = StuScore.ToString();      //显示考生成绩
        string sql = "update tb_score set score='" + StuScore + "' where StudentID='" + lblnum.Text + "' and LessonName='" + lblkm.Text + "'";       //填写考试成绩的 sql 语句
        BaseClass.OperateData(sql);                //调用公共类中的操作方法，实施更新操作
}
```

3. 页面运行结果

ExamResult.aspx 页面最后运行结果如图 11-32 所示。

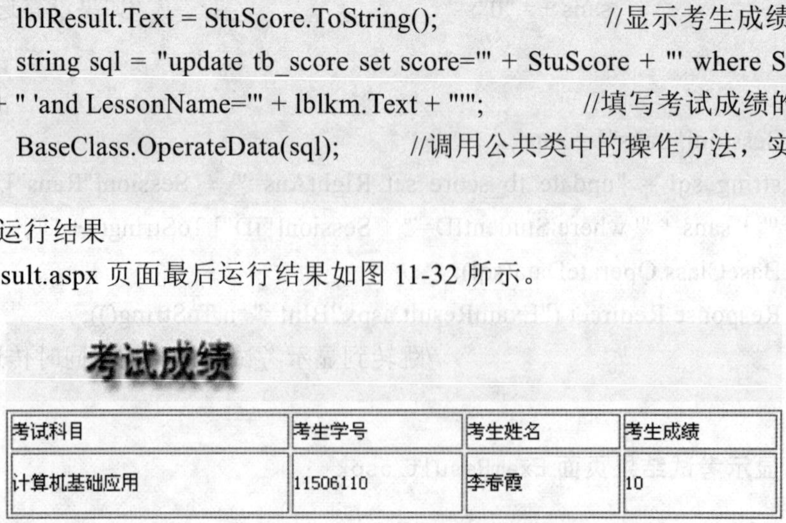

图 11-32 ExamResult.aspx 运行结果

11.7 教师模块

在网站根目录下建立 Teacher 文件夹，所有页面文件全部放在该文件夹中。模块包括页面如下：
- 教师信息管理页面　　TManage.aspx
- 修改教师密码页面　　TModifyPwd.aspx
- 修改密码成功页面　　TModifyOk.aspx
- 添加试题页面　　　　TExamAdd.aspx
- 试题信息页面　　　　TExamInfo.aspx
- 查询考试结果页面　　TExamResult.aspx

11.7.1 准备工作

1．制作图像文件（保存在~/Teacher/TImage 文件夹下）

（1）制作图像文件 back_01.jpg

用 Photoshop 制作 5px×5px 大小，分辨率 72 像素/英寸，如图 11-33 所示。

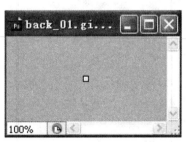

图 11-33　back_01.jpg 效果图

（2）制作图像文件 back_02.jpg

用 Photoshop 制作 27.5cm×2.3cm 大小，分辨率 72 像素/英寸，如图 11-34 所示。

图 11-34　back_02.jpg 效果图

（3）制作图像文件 back_03.jpg

用 Photoshop 制作 27.5cm×2.5cm 大小，分辨率 72 像素/英寸，如图 11-35 所示。

图 11-35　back_03.jpg 效果图

（4）制作图像文件 back_04.jpg

用 Photoshop 制作 145px×24px 大小，分辨率 72 像素/英寸，如图 11-36 所示。

（5）制作图像文件 back_05.jpg

用 Photoshop 制作 145px×24px 大小，分辨率 72 像素/英寸，如图 11-37 所示。

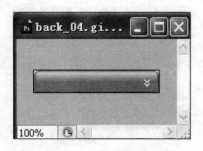
图 11-36　back_04.jpg 效果图

图 11-37　back_05.jpg 效果图

（6）制作图像文件 back_06.jpg

用 Photoshop 制作 163px×483 px 大小，分辨率 72 像素/英寸，如图 11-38 所示。

图 11-38　back_06.jpg 效果图

2．关于框架

（1）什么是框架？

框架将一个浏览器窗口分为多个独立的区域，每个区域（框架）显示一个单独的可滚动的页面，每个框架都是浏览器窗口内的一个独立窗口。典型的框架网页由三个框架组成，如图 11-39 所示。

例如：某个商店的产品宣传网站主页，顶部框架用于放置广告，对应网页 top.htm；左侧框架放置商品类别列表，用于页面导航，对应于页面 left.htm；右侧窗口用于显示具体某类商品的信息，对应于页面 main.htm。当浏览者点击左侧商品列表的超链接时，左侧窗口显示相应的商品信息。

（2）框架的使用方法

a）在页面的某个固定位置显示静态信息。

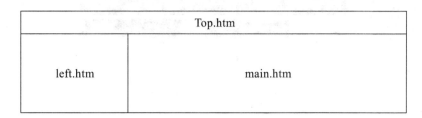

图 11-39　典型框架结构

b) 在左侧框架显示目录,右侧框架显示内容。单击左侧窗口的目录,在右侧窗口中就会显示相应内容。

c) 在滚动或操纵网页上的其他内容时使某些信息静止不动。

(3) 引入框架的 HTML 语法:

<iframe src="网页文件"></iframe>

例如:表格的某一列中引入网页文件"Tleft.htm"

<td><iframe src="Tleft.htm " ></iframe></td>

3. 导航目录网页的制作

设计一个导航目录网页 Tleft.htm,保存在"Teacher"文件夹下。页面显示效果如图 11-40 所示。(素材中给出"Tleft.htm"文件)

图 11-40　Tleft.htm 显示效果

11.7.2　教师信息管理页面 TManage.aspx

网页功能:教师管理模块首页,显示管理目录树结构,可链接试题、添加试题、查看考试结果、修改密码等网页。

1. 页面布局

在网站的 Teacher 文件夹下添加 TManage.aspx 文件,页面布局如图 11-41 所示。

图 11-41 TManage.aspx 页面布局

（1）布局说明

用 Table 布局 4 行 2 列，如图 11-42 所示。

跨 2 列，添加 Image 控件，链接 back_02.gif 文件	
跨 2 行，作为框架引入网页 Tleft.htm 文件	显示教师登录基本信息
	作为框架引入网页 TExamInfo.aspx 文件
跨 2 列，添加 Image 控件，链接 back_03.gif 文件	

图 11-42 TManger.aspx 页面表格布局

（2）页面布局代码

以下给出的是页面布局的 html 主要代码，可以用工具箱在第 1 行和第 4 行添加 Image 控件，在第 2 行第 2 列添加 Label 控件。

```
<body   background="TImage/back_01.gif">
……
<table height="600" width="780" >
<tr>
        <td colspan="2" style="height:70px"></td>
</tr>
        <tr>
        <td rowspan="2" >
           <iframe src=Tleft.htm style="width: 165px; height: 450px; " ></iframe></td>
        <td></td>
        </tr>
        <tr>
```

```
            <td><iframe   src=TExamInfo.aspx   style="width: 615px;   height:  391px;">
</iframe></td>
        </tr>
        <tr>
            <td colspan="2" style="height:70px"></td>
        </tr>
    </table>
    ……
</body>
```

2. 编写 Page_Load 事件

在 TMangage.aspx.cs 页面中添加：using System.Data.SqlClient;

功能：查询并显示登录教师信息。代码如下：

```
protected void Page_Load(object sender, EventArgs e)
{
        lblID.Text = Session["ID"].ToString();    //将教师登录号存入 Session 变量中
        SqlConnection conn = BaseClass.DBCon();        //创建数据库连接对象
        conn.Open();                                    //打开数据库连接
        SqlCommand cmd = new SqlCommand("select * from tb_Teacher where TeacherNum='" + lblID.Text + "'", conn);
        SqlDataReader sdr = cmd.ExecuteReader();     //执行查询，并将结果赋给 sdr
        sdr.Read();                                   //读取查询结果
        lblname.Text = sdr["TeacherName"].ToString();
                                            //将教师姓名赋给 lblname 控件的 Text 属性
        lblkc.Text = sdr["TeacherCourse"].ToString();
                                            //将教师姓名赋给 lblkc 控件的 Text 属性
        Session["KCname"] = lblkc.Text;     //将考试科目存入 Seesin 变量中
        sdr.Close();
        conn.Close();
}
```

3. 编写"安全退出"按钮单击事件

功能：返回 Login.aspx 页面。代码如下：

```
protected void LinkButton1_Click(object sender, EventArgs e)
{
        Response.Redirect("../Login.aspx");
}
```

4. 页面运行结果

运行登录页面，以教师身份登录进入 TManage.aspx 页面，显示结果如图 11-43 所示。

图 11-43　TManage.aspx 页面运行结果

11.7.3　修改密码页面 TModifyPwd.aspx

1. 页面布局

在 Teacher 文件夹中添加 TModifyPwd.aspx 页面，页面布局如图 11-44 所示。

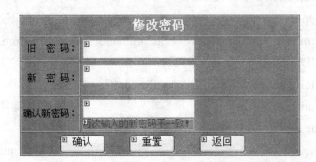

图 11-44　TModifyPwd.aspx 页面布局

布局说明：表格的基本结构是 5 行 2 列。使用的控件中主要包含 3 个 Label 控件、3 个 TextBox 控件、1 个验证控件、3 个 Button 控件。验证控件 compareValidator 是为了比较两次输入的新密码是否一致。

2. 编写"确认"按钮单击事件

在 TModifyPwd.aspx 页面引入以下命名空间：

using System.Data.SqlClient;

功能：先判断旧密码是否正确，若正确，则进行密码修改并跳转到修改成功页面 TModifyOk.aspx，最后返回到 TManage.aspx 页面。代码如下：

protected void btnSubmit_Click(object sender, EventArgs e)
　　{
　　　　SqlConnection conn = BaseClass.DBCon();　　//创建连接数据库对象
　　　　SqlCommand selectCmd = new SqlCommand("select * from tb_Teacher where teacherNum='" + Session["ID"].ToString() + "'and teacherPwd='" + txtOldPwd.Text.Trim() +

```
"", conn);          //根据用户名和旧密码查询用户
            conn.Open();      //打开连接
            SqlDataReader sdr = selectCmd.ExecuteReader();
            if (sdr.Read())       //如果旧密码正确,进行密码修改
            {
                sdr.Close();
                SqlCommand updateCmd = new SqlCommand("update tb_Teacher set
teacherPwd='" + txtNewPwd.Text.Trim() + "'where teacherNum='" + Session["ID"].ToString() +
"'", conn);
                int i = updateCmd.ExecuteNonQuery();
                if (i > 0)
                    Response.Redirect("TModifyOk.aspx");
                else
            Response.Write("<script language=javascript>alert('修改密码失败!')</script>");
            }
            else
                Response.Write("<script language=javascript>alert('您输入的密码错误,
检查后重新输入!')</script>");
            conn.Close();         //关闭连接
    }
```

3. 编写"重置"按钮单击事件

功能:清空输入的修改密码信息,重新输入。代码如下:

```
protected void btnReset_Click(object sender, EventArgs e)
    {
        txtOldPwd.Text = "";
        txtNewPwd.Text = "";
        txtConfirmPwd.Text = "";
    }
```

4. 编写"返回"按钮单击事件

功能:返回到 TManage.aspx 页面。

```
protected void btnBack_Click(object sender, EventArgs e)
    {
        Response.Redirect("TManage.aspx");
    }
```

11.7.4 修改密码成功页面 TModifyOk.aspx

1. 页面布局

在 Teacher 文件夹中添加 TModifyOk.aspx 页面,页面布局如图 11-45 所示。

图 11-45 TModifyOk.aspx 页面布局

布局说明：本页面布局较为简单，只包含 1 个 Image 控件、1 个 Label 控件、1 个 Button 控件。其中 Image 控件的 ImageUrl 属性值链接的是 ok.jpg 文件。

2．"返回"按钮的单击事件

功能：返回 TExamInfo.aspx 页面。代码如下：

protected void Button1_Click(object sender, EventArgs e)
{
　　　　Response.Redirect("TExamInfo.aspx");
}

11.7.5　添加试题页面 TExamAdd.aspx

网页功能：添加试题。

1．页面布局

在网站的 Teacher 文件夹下添加 TExamAdd.aspx 文件，页面布局实现添加一个 Panel 控件表格的基本结构是 10 行 3 列。表格中有 22 个控件，其中 10 个 Label 控件，5 个 TextBox 控件，4 个单选按钮控件，1 个 CheckBox 控件，2 个 Button 控件。页面布局如图 11-46 所示。

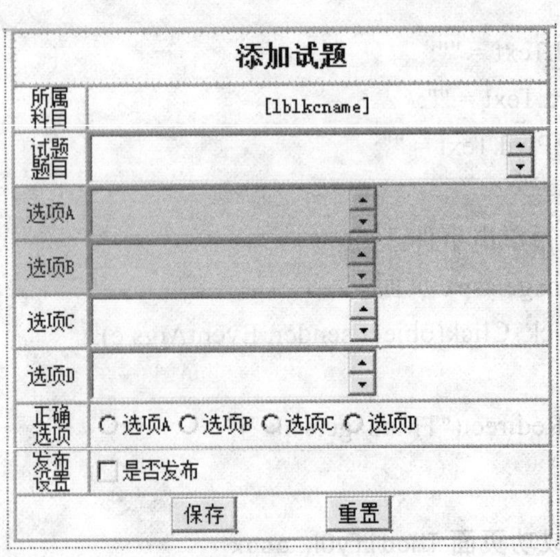

图 11-46　添加试题页面布局

2．Page_Load 事件

功能：显示课程名。课程名是根据教师的登录信息保存在 Session 变量中的。

```csharp
protected void Page_Load(object sender, EventArgs e)
{
    lblkcname.Text = Session["kcname"].ToString();
}
```

3．"确定"单击按钮事件

功能：将添加的试题信息写到数据库里，自动执行"重置"按钮单击事件。代码如下：

```csharp
protected void Button1_Click(object sender, EventArgs e)
{
    if (TextBox1.Text==""||TextBox2.Text==""||TextBox3.Text==""||TextBox4.Text==""||TextBox5.Text=="")
        Response.Write("<script language=javascript>alert('请将信息填写完整')</script>");
    else
    {
        string isfb="";
        if (CheckBox1.Checked==true)
            isfb="1";
        else
            isfb="0";
        string str = "insert into tb_test values('"+TextBox1.Text+"','"+TextBox2.Text+"','"+TextBox3.Text+"','"+TextBox4.Text+"','"+TextBox5.Text+"','"+RadioButtonList1.SelectedValue.ToString()+"','"+isfb+"','"+Session["kcname"].ToString()+"')";
        BaseClass.OperateData(str);
        Button2_Click(sender, e);        //执行 Button_2Click 事件
    }
}
```

4．"重置"单击按钮事件

功能：清空添加的试题信息。代码如下：

```csharp
protected void Button2_Click(object sender, EventArgs e)
{
    TextBox1.Text = "";
    TextBox2.Text = "";
    TextBox3.Text = "";
    TextBox4.Text = "";
    TextBox5.Text = "";
```

}

5. 页面运行结果

启动 Login.aspx，选择添加试题页面，在页面上可添加试题，运行结果如图 11-47 所示。

图 11-47　TExamAdd.aspx 页面运行结果

11.7.6　试题信息显示页面 TExamInfo.aspx

网页功能：教师登录后，将其所担任课程的试题显示在 GridView 控件中，以便浏览该科目所有试题信息；单击"查询"按钮，可根据输入的关键字查询并显示相应的试题。

1. 页面布局

在网站的 Teacher 文件夹下添加 TExamInfo.aspx 文件，页面布局包含 1 个 Label 控件、1 个 TextBox 控件、1 个 Button 控件、1 个 GridView 控件。页面布局如图 11-48 所示。

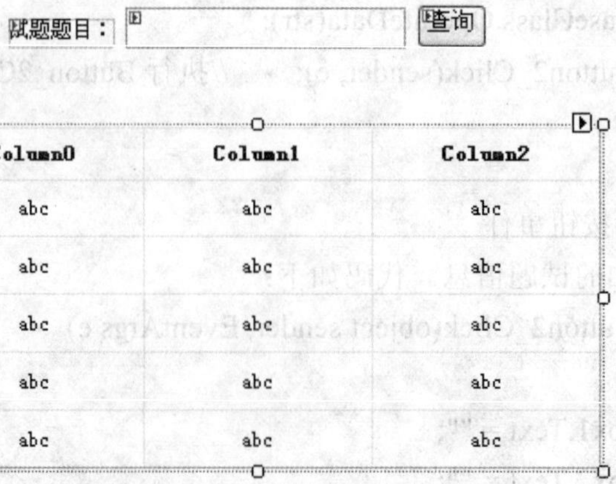

图 11-48　TExamInfo.aspx 页面布局

（1）添加 Label、TextBox、Button 控件的代码如下：

```
<asp:Label ID="Label1" runat="server" Text="试题题目："></asp:Label>
    <asp:TextBox ID="txtstkey" runat="server"></asp:TextBox>
<asp:Button ID="btnserch" runat="server" Text="查询" OnClick="btnserch_Click" /><br />
```

（2）配置 GridView1 控件的数据源

用 GridView1 的智能标签配置数据源，在数据表 tb_Test 中选出 TestCourse 的值为 Session["kcname"]的记录，只显示试题内容，即 TestContent 字段的内容。配置主要步骤如图 11-49 至图 11-52 所示。

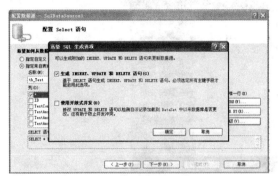

图 11-49　启用更新和删除功能图

图 11-50　添加 WHERE 子句

图 11-51　配置 Select 语句

图 11-52　完成数据源配置

在 GridView1 的智能标签中选择"编辑列"，只显示 TestContent 字段，并启用智能标签中的的编辑、删除、选择项。结果如图 11-53 所示。

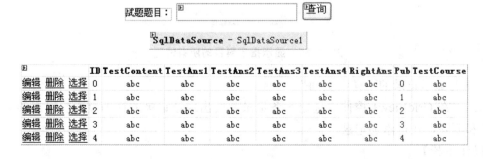

图 11-53　GridView1 数据源配置显示结果

注释:
RowStyle HorizontalAlign="Left"(设置 GridView 数据左对齐)
HeaderStyle HorizontalAlign="Left"(设置 GridView 标题左对齐)
在 GridView1 控件中通过"编辑列",删除不需要显示的字段,将英文字段名改为中文,调整列的显示顺序。如图 11-54 所示。

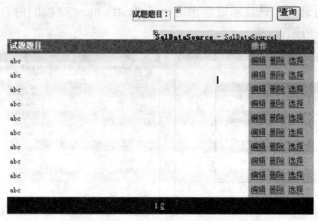

图 11-54　在 GridView 中编辑列

2. TExamInfo.aspx 页面运行结果

以教师身份登录系统后,进入 TManage.aspx 页面。其右侧框架链接的 TExamImfo.aspx 页面,显示登录教师所任课程的所有试题,如图 11-55 所示。

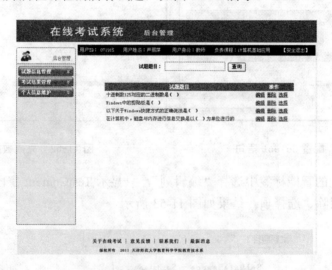

图 11-55　显示指定科目的所有试题

3. 编写显示记录的"详细页面"

功能:在 GridView1 控件中选定一条记录,会出现该记录的详细页面。可对该记录进行修改和删除,还可添加记录。

【操作步骤】

(1) 显示结果预览

在 TExamInfo.aspx 页面上拖放一个 DetailsView 控件，配置数据源，显示 GridView1 控件中所选定记录的详细页，可在详细页面上添加、编辑、删除记录，如图 11-56 所示。

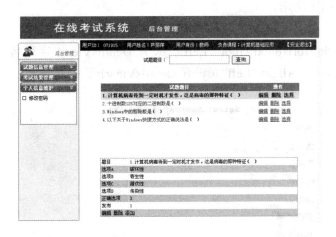

图 11-56 "详细页面"预览

（2）配置 DetailsView1 控件的数据源

用 DetailsView1 的智能标签配置数据源，在数据表 tb_Test 中选出 ID 值与 GridView1 控件中所选定记录的 ID 值相同记录。配置主要步骤如图 11-57 至图 11-60 所示。

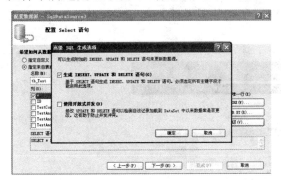

图 11-57 启用更新和删除功能图　　图 11-58 添加 WHERE 子句

图 11-59 配置 Select 语句　　图 11-60 完成数据源配置

（3）在 DetailsView1 的智能标签中选择"编辑字段"，将所有字段名都改为用中文表示（ID、TestCourse 不显示），并启用智能标签中的插入、编辑、删除。调整显示内容的对齐方式，结果如图 11-61 所示。

注释：
FieldHeaderStyle HorizontalAlign="Left"（设置 DetailsView1 字段名左对齐）
RowStyle HorizontalAlign="Left"（设置 DetailsView1 数据左对齐）

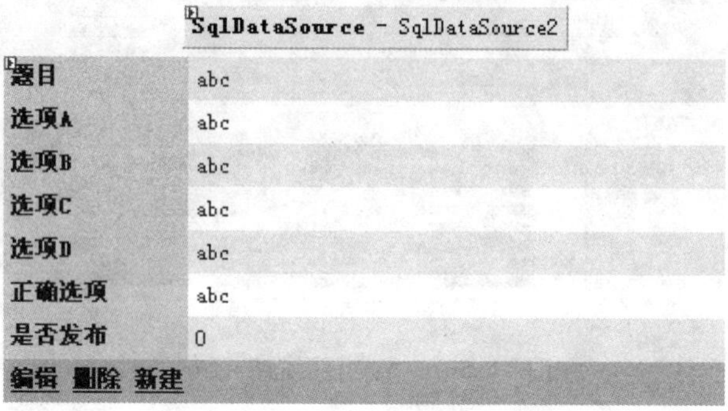

图 11-61 在 DetailsView1 中编辑列

（4）进入 TManage.aspx 页面，在其右侧框架链接的 TExamImfo.aspx 页面中选定一条记录，同时会显示该记录的详细信息，可进行编辑和删除以及添加新记录操作。如图 11-62 所示。

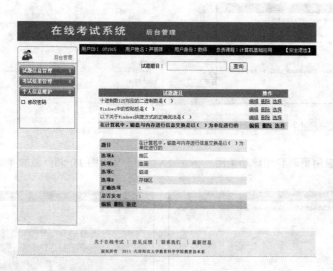

图 11-62 显示记录的详细信息

4. 编写"查询"按钮单击事件

功能：显示根据输入的关键词查询并显示记录。

【操作步骤】

（1）拖放一个 GridView 控件，利用自动套用格式改变外观，调整大小。如图 11-63 所示。

Column0	Column1	Column2
abc	abc	abc
abc	abc	abc
abc	abc	abc
abc	abc	abc
abc	abc	abc

图 11-63 添加 GridView2 控件

（2）编程思路：

a) 将 GridView1 控件隐藏；

b) 将查询信息存在字符串量中；

c) 创建数据库连接对象 conn，并调用 baseClass 中的 DBCon()方法；

d) 创建 SqlDataAdapter 对象 sda；

e) 创建 DataSet 对象 ds；

f) 向数据库提交 SQL，将查询结果放入内存数据对象中；

g) 将查询结果作为 GridView 的数据源；

h) 执行绑定方法，在 GridView 上显示数据。

代码如下：

```
protected void btnserch_Click(object sender, EventArgs e)
{
        GridView1.Visible = false;
        string strsql = "select TestContent  题目  from tb_test where testContent like '%" + txtstkey.Text.Trim() + "%'and TestCourse= '" + Session["kcname"]+ "'";
        SqlConnection conn = BaseClass.DBCon();
        SqlDataAdapter sda = new SqlDataAdapter(strsql, conn);
                                                        //创建 SqlDataAdapter 类对象
        DataSet ds = new DataSet();     //创建内存数据集对象
        sda.Fill(ds, "数据表");
                        //向数据库提交 SQL，将查询结果放入 ds(内存数据对象)中
        GridView2.DataSource = ds.Tables["数据表"].DefaultView;
                                                        //将查询结果作为数据源
        GridView2.DataBind();     //执行绑定方法，在 GridView 上显示数据
        DetailsView1.Visible = false;
}
```

（3）在文本框中输入查询关键字，系统进行模糊查询，显示结果如图 11-64 所示。

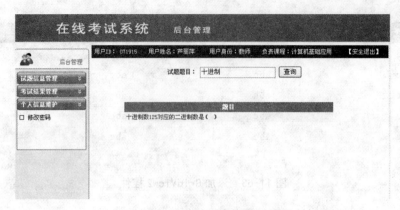

图 11-64　按关键字查询显示结果

11.7.7　查询学生考试成绩页面 TExamResult.aspx

1．网页功能

浏览所有考生的考试记录。

2．页面布局

在网站的 Teacher 文件夹下添加 TExamResult.aspx 文件，在页面添加一个 Panel 控件，在 Panel 控件中添加一个 3 行 5 列的表格。表格中有 6 个控件，其中 2 个 Label 控件、1 个 TextBox 控件、1 个 DropDownList 控件、1 个 Button 控件、1 个 GridView 控件。

在 GridView1 控件中，用"编辑列"设置各字段的绑定字段，ShowDeleteButton 值设为 true。页面布局如图 11-65 所示。

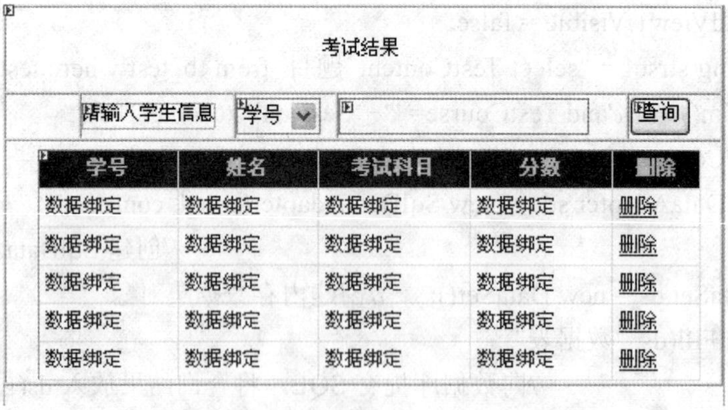

图 11-65　显示考试结果的页面布局

3．编写事件代码

（1）"查询"按钮单击事件

选择查询项，输入查询的数据，单击"查询"按钮，在 GridView 控件中显示查询到的记录。代码如下：

```
protected void Button1_Click(object sender, EventArgs e)
{
```

```
            string type = DropDownList1.SelectedItem.Text;
            if (type == "学号")
            {
                string resultstr = "select * from tb_score where StudentID like '%" +
TextBox1.Text.Trim() + "%' and LessonName='" + Session["KCname"].ToString() + "'";
                BaseClass.BindDG(GridView1, "ID", resultstr, "result");
                Session["num"] = "学号";
            }
            if (type == "姓名")
            {
                string resultstr = "select * from tb_score where StudentName like '%" +
TextBox1.Text.Trim() + "%' and LessonName='" + Session["KCname"].ToString() + "'";
                BaseClass.BindDG(GridView1, "ID", resultstr, "result");
                Session["num"] = "姓名";
            }
}
```

（2）GridView 控件的 RowDeleting 事件

执行对指定数据行的删除操作，代码如下：

```
protected void GridView1_RowDeleting(object sender, GridViewDeleteEventArgs e)
{
        int id = (int)GridView1.DataKeys[e.RowIndex].Value;
        string strsql = "delete from tb_score where ID=" + id;
        BaseClass.OperateData(strsql);
        if (Session["num"].ToString() == "学号")
        {
            string resultstr = "select * from tb_score where StudentID like '%" +
TextBox1.Text.Trim() + "%' and LessonName='" + Session["KCname"].ToString() + "'";
            BaseClass.BindDG(GridView1, "ID", resultstr, "result");
        }
        else
        {
            string resultstr = "select * from tb_score where StudentName like '%" +
TextBox1.Text.Trim() + "%' and LessonName='" + Session["KCname"].ToString() + "'";
            BaseClass.BindDG(GridView1, "ID", resultstr, "result");
        }
}
```

（3）GridView 控件的 PageIndexChanging 事件

当查询到的数据太多，可以对数据进行分页绑定，代码如下：

```
protected void GridView1_PageIndexChanging(object sender, GridViewPageEventArgs e)
{
        if (Session["num"].ToString() == "学号")
        {
                GridView1.PageIndex = e.NewPageIndex;
                string resultstr = "select * from tb_score where StudentID like '%" + TextBox1.Text.Trim() + "%' and LessonName='" + Session["KCname"].ToString() + "'";
                BaseClass.BindDG(GridView1, "ID", resultstr, "result");
        }
        else
        {
                GridView1.PageIndex = e.NewPageIndex;
                string resultstr = "select * from tb_score where StudentName like '%" + TextBox1.Text.Trim() + "%' and LessonName='" + Session["KCname"].ToString() + "'";
                BaseClass.BindDG(GridView1, "ID", resultstr, "result");
        }
}
```

4. 启动 Login.aspx，选择考试结果页面，运行结果如图 11-66 所示。

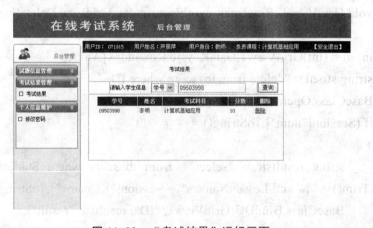

图 11-66 "考试结果"运行画面

11.8 管理员模块

11.8.1 准备工作

1. 制作图像文件（保存在 Admin\AImage 文件夹下）
可将文件 back_01.jpg 至 back_06.jpg 复制到 AImage 文件中。
2. 导航目录网页的制作

设计一个导航目录网页 Aleft.htm，如图 11-67 所示。Aleft.htm 页面用到图像文件 back_04.jpg、back_05.jpg、back_06.jpg。将 Teacher 文件夹中的文件"Lleft.htm"修改为文件"Aleft.htm"，并保存在 Admin 文件夹中。

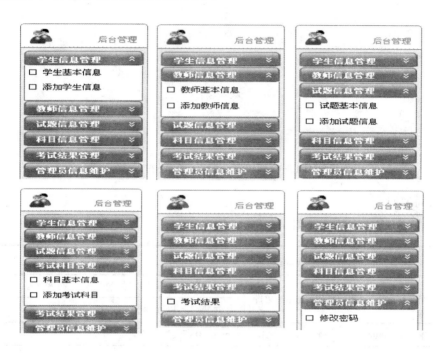

图 11-67　Aleft.htm 文件各运行画面组合

11.8.2　后台管理页面 AManage.aspx

网页功能：后台管理员模块首页，显示管理目录树结构。
导航栏可链接以下页面：
（1）学生基本信息（AStudentInfo.aspx）
（2）添加学生信息（AStudentAdd.aspx）
（3）教师基本信息（ATeacherInfo.aspx）
（4）添加教师信息（ATeacherAdd.aspx）
（5）试题基本信息（Teacher/TExamInfo.aspx）
（6）添加试题信息（Teacher/TExamAdd.aspx）
（7）考试科目信息（ASubjectInfo.aspx）
（8）添加考试科目（ASubjectAdd.aspx）
（9）查看考试结果（Teacher/TExamResult.aspx）
（10）修改密码（AModifyPwd.aspx）
（11）修改密码成功页面（AModifyOK.aspx）

1．页面布局

在网站的 Admin 文件夹下添加 AManage.aspx 文件，页面布局如图 11-68 所示。

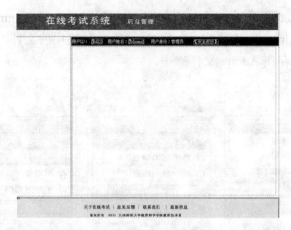

图 11-68　AManage.aspx 页面布局

（1）布局说明

用 Table 布局 4 行 2 列，如图 11-69 所示。

跨 2 列，添加 Image 控件链接"AImage/back_01.gif"	
跨 2 行，作为框架引入网页 Aleft.htm 文件	显示管理员登录基本信息
	为框架引入网页 AManage.aspx 文件
跨 2 列，添加 Image 控件，链接文件"AImage/back_03.jpg"	

图 11-69　AManage.aspx 页面表格布局

（2）页面布局代码

以下给出的是页面布局的 html 主要代码，可以用工具箱在第 1 行和第 4 行添加 Image 控件，在第 2 行第 2 列添加 Label 控件。

```html
<body background="AImage/back_01.jpg">
……
<table height="278" width="778" >
    <tr>
        <td colspan="2" style="height:70px"></td>
    </tr>
    <tr>
        <td   rowspan="2" >
            <iframe src=Aleft.htm style="width: 165px; height: 453px" ></iframe></td>
        <td></td>
    </tr>
    <tr>
        <td height="155">
            <iframe src=AStudentInfo.aspx style="width: 596px; height: 422px" ></iframe>
</td>
```

```
        </tr>
        <tr>
            <td colspan="2" style="height:70px"></td>
        </tr>
    </table>
……
</body>
```

2．编写事件代码

（1）Page_load 事件

在 TMangage.aspx.cs 页面中添加：

using System.Data.SqlClient;

protected void Page_Load(object sender, EventArgs e)

{

  lblID.Text = Session["ID"].ToString();

  SqlConnection conn = BaseClass.DBCon();

  conn.Open();

  SqlCommand cmd = new SqlCommand("select AdminName from tb_Admin where AdminNum='" + lblID.Text + "'", conn);

  lblname.Text = cmd.ExecuteScalar().ToString();

  conn.Close();

}

（2）"安全退出"按钮单击事件

protected void LinkButton1_Click(object sender, EventArgs e)

{

  Response.Redirect("../Login.aspx");

}

3．AManage.aspx 页面运行结果，如图 11-70 所示。

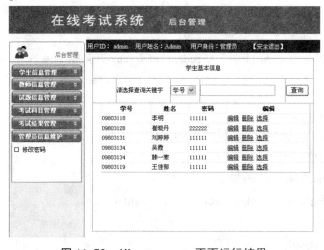

图 11-70　AManage.aspx 页面运行结果

11.8.3 学生基本信息页面 AStudentInfo.aspx

网页功能：该页面主要用于对学生基本信息的查询、修改和删除。该页面加载时，将显示数据库中检索到的所有学生信息。可按学号和姓名两种方式查询学生信息。显示的信息包括学号、姓名、密码。

1. 页面布局

AStudentInfo.aspx.cs 需要引用的命名空间如下：

using System.Data.SqlClient;

using System.Windows.Forms;

（1）在 Admin 文件夹下建立 TStudentInfo.aspx 页面。

（2）添加一个 Panel 控件，在 Panel 控件中添加：

2 个 Label 控件、1 个 TextBox 控件、1 个 DropDownList 控件、1 个 Button 控件、1 个 GridView 控件。

（3）配置 GridView1 数据源，并编辑列，如图 11-71 所示。

选择自动套用格式。用 GridView1 的智能标签配置数据源，显示数据表 tb_Srudent 中的记录。

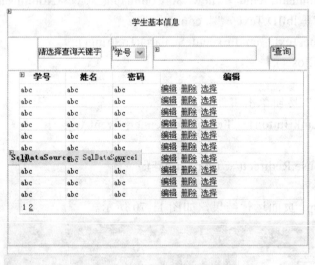

图 11-71 AStudentInfo.aspx 页面布局

（4）添加 GridView2 控件

功能：绑定 GridView2 控件，显示查询到的学生信息。代码如下：

2. 编写事件代码

"查询"按钮单击事件代码如下：

```
protected void Button1_Click(object sender, EventArgs e)
{
        string strsql;
        if (TextBox1.Text == "")
```

```
            {
                    strsql = "select * from tb_Student";

            }
            else
            {
                    string type=DropDownList1.SelectedItem.Text;
                    strsql="";
                    if(type=="学号")
                    {
                            strsql = "select StudentNum 学号,StudentName 姓名,StudentPwd 密码 from tb_Student where StudentNum like '%" + TextBox1.Text.Trim() + "%'";
                            GridView1.Visible = false;
                            SqlConnection conn = BaseClass.DBCon();
                            conn.Open();
                            SqlCommand com = new SqlCommand();
                            com.Connection = conn;
                            com.CommandText = strsql;
                            SqlDataReader sdr =com.ExecuteReader ();
                            if (!sdr.Read())
                               MessageBox.Show("查无此人！");
                            conn.Close();
                            SqlDataAdapter sda = new SqlDataAdapter(strsql, conn);
                                                    //创建 SqlDataAdapter 对象
                            DataSet ds = new DataSet();     //创建内存数据集对象
                            sda.Fill(ds, "数据表");
                                        //提交 SQL，将查询结果放入 ds（内存数据对象）中
                            GridView2.DataSource = ds.Tables["数据表"].DefaultView;
                                                    //将查询结果作为数据源
                            GridView2.DataBind();   //执行绑定方法，在 GridView 上显示数据
                    }
                    else
                    {
                            strsql = "select StudentNum 学号,StudentName 姓名,StudentPwd 密码 from tb_Student where StudentName like '%" + TextBox1.Text.Trim() + "%'";
                            GridView1.Visible = false;
                            SqlConnection conn = BaseClass.DBCon();
                            conn.Open();
                            SqlCommand com = new SqlCommand();
```

```
                com.Connection = conn;
                com.CommandText = strsql;
                SqlDataReader sdr = com.ExecuteReader();
                if (!sdr.Read())
                    MessageBox.Show("查无此人！");
                conn.Close();
                SqlDataAdapter sda = new SqlDataAdapter(strsql, conn);
                                        //创建 SqlDataAdapter 对象
                DataSet ds = new DataSet();    //创建内存数据集对象
                sda.Fill(ds, "数据表");
                        //提交 SQL，将查询结果放入 ds（内存数据对象）中
                GridView2.DataSource = ds.Tables["数据表"].DefaultView;
                                        //将查询结果作为数据源
                GridView2.DataBind();    //执行绑定方法，在 GridView 上显示数据
            }
        }
}
```

3. AStudentInfo.aspx 页面显示信息运行结果（图 11-72）。

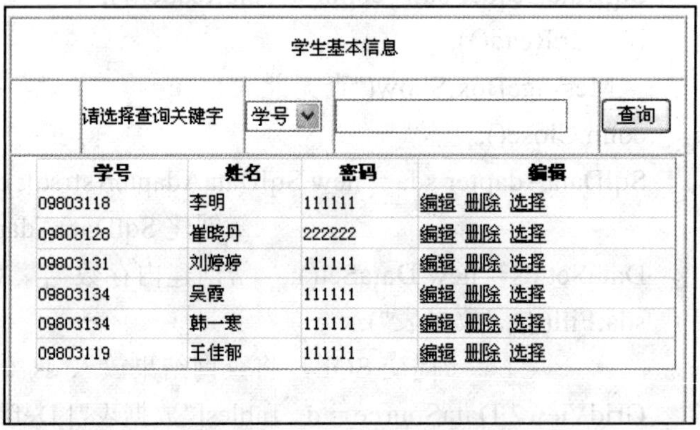

图 11-72　AStudentInfo.aspx 页面运行结果

4. AStudentInfo.aspx 页面查询信息运行结果（图 11-73）。

图 11-73　查询学生基本信息

11.8.4 添加学生信息页面 AStudentAdd.aspx

网页功能：该页面加载时，主要用于添加学生信息。

1. 页面布局

（1）在 Admin 文件夹下建立 TStudentAdd.aspx 页面。

（2）添加一个 Panel 控件，在 Panel 控件中是一个 6 行 2 列的表格。在表格中添加 4 个 Label 控件、3 个 TextBox 控件、2 个 Button 控件。如图 11-74 所示。

（3）登录成功之后在导航栏中选择"添加学生信息"项的显示结果，如图 11-75 所示。

图 11-74　AStudentAdd.aspx 页面布局

图 11-75　添加学生页面运行结果

2. 编写事件代码

（1）"确定"单击按钮事件

注意：使用 MessageBox(消息框)：引用命名空间 using System.Windows.Forms；执行网站/添加引用/选择 System.Windows.Forms/确定。

```
protected void Button1_Click(object sender, EventArgs e)
{
    if (TextBox1.Text == "" || TextBox2.Text == "" || TextBox3.Text == "" )
```

```
                    {
                            MessageBox.Show("请将信息填写完整");
                            return;
                    }
                    else
                    {
                            string str = "insert into tb_Student (StudentNum,StudentName,StudentPwd) values('" + TextBox1.Text.Trim() + "','" + TextBox2.Text.Trim() + "','" + TextBox3.Text.Trim() + "')";
                            BaseClass.OperateData(str);
                            Button2_Click(sender, e);
                    }
}
```

（2）"重置"单击按钮事件

```
protected void Button2_Click(object sender, EventArgs e)
{
        TextBox1.Text = "";
        TextBox2.Text = "";
        TextBox3.Text = "";
}
```

3．运行 AStudentAdd.aspx 页面结果

启动 Login.aspx，在导航栏中选择添加学生信息项，在页面上可添加学生信息，运行结果如图 11-76 所示。

图 11-76　在页面中添加学生信息

11.8.5　教师基本信息页面 ATeacherInfo.aspx

网页功能：该页面主要用于显示教师信息，并对基本信息进行查询、修改和删除。该页面加载时，将显示数据库中检索到的所有教师信息。可按工号和姓名两种方式查询教师信息。显示的信息包括工号、姓名、密码及教师所担任课程。

1. 页面布局

AStudentInfo.aspx.cs 需要引用的命名空间如下：

using System.Data.SqlClient;

using System.Windows.Forms;

（1）在 Admin 文件夹下建立 ATeacherInfo.aspx 页面。

（2）添加一个 Panel 控件，在 Panel 控件中添加：

2 个 Label 控件、1 个 TextBox 控件、1 个 DropDownList 控件、1 个 Button 控件、1 个 GridView 控件。

（3）配置 GridView1 数据源，并编辑列，如图 11-77 所示。

图 11-77　ATeacherInfo.aspx 页面布局

选择自动套用格式。用 GridView1 的智能标签配置数据源，显示数据表 tb_Teacher 中的记录。

（4）添加 GridView2 控件

功能：绑定 GridView2 控件，显示查询到的教师信息。

2. 编写事件代码

"查询"按钮单击事件代码如下：

```
protected void Button1_Click(object sender, EventArgs e)
{
        string strsql;
        if (TextBox1.Text == "")
            strsql = "select * from tb_Teacher";
        else
        {
            string type = DropDownList1.SelectedItem.Text;
            strsql = "";
            if (type == "工号")
            {
```

```csharp
            strsql = "select TeacherNum 工号,TeacherName 姓名,TeacherPwd 密码,TeacherCourse 所担任课程 from tb_Teacher where SteacherNum like '%" + TextBox1.Text+ "%'";
            GridView1.Visible = false;
            SqlConnection conn = BaseClass.DBCon();
            conn.Open();
            SqlCommand com = new SqlCommand();
            com.Connection = conn;
            com.CommandText = strsql;
            SqlDataReader sdr = com.ExecuteReader();
            if (!sdr.Read())
                MessageBox.Show("查无此人！");
            conn.Close();
            SqlDataAdapter sda = new SqlDataAdapter(strsql, conn);
                                    //创建 SqlDataAdapter 对象
            DataSet ds = new DataSet();     //创建内存数据集对象
            sda.Fill(ds, "数据表");
                        //提交 SQL，将查询结果放入 ds（内存数据对象）中
            GridView2.DataSource = ds.Tables["数据表"].DefaultView;
                                    //将查询结果作为数据源
            GridView2.DataBind();       //执行绑定方法，在 GridView 上显示数据
        }
        else
        {
            strsql = "select TeacherNum 工号,TeacherName 姓名,TeacherPwd 密码,TeacherCourse 所担任课程 from tb_Teacher where SteacherName like '%" + TextBox1.Text.Trim() + "%'";
            GridView1.Visible = false;
            SqlConnection conn = BaseClass.DBCon();
            conn.Open();
            SqlCommand com = new SqlCommand();
            com.Connection = conn;
            com.CommandText = strsql;
            SqlDataReader sdr = com.ExecuteReader();
            if (!sdr.Read())
                MessageBox.Show("查无此人！");
            conn.Close();
            SqlDataAdapter sda = new SqlDataAdapter(strsql, conn);// 创建
```

SqlDataAdapter 对象

```
        DataSet ds = new DataSet();      //创建内存数据集对象
        sda.Fill(ds, "数据表");
                    //提交 SQL，将查询结果放入 ds（内存数据对象）中
        GridView2.DataSource = ds.Tables["数据表"].DefaultView;
                                    //将查询结果作为数据源
        GridView2.DataBind();    //执行绑定方法，在 GridView 上显示数据
      }
    }
}
```

3. ATeacherInfo.aspx 页面运行结果（图 11-78）。

图 11-78 显示教师基本信息图

4. ATeacherInfo.aspx 页面查询信息运行结果（图 11-79）。

图 11-79 查询教师基本信息

11.8.6 添加教师信息页面 ATeacherAdd.aspx

网页功能：该页面加载时，主要用于添加教师信息。

1. 页面布局

（1）在 Admin 文件夹下建立 ATeacherAdd.aspx 页面。

（2）添加一个 Panel 控件，在 Panel 控件中是一个 7 行 2 列的表格。在表格中添加 5

个 Label 控件、4 个 TextBox 控件、2 个 Button 控件。如图 11-80 所示。

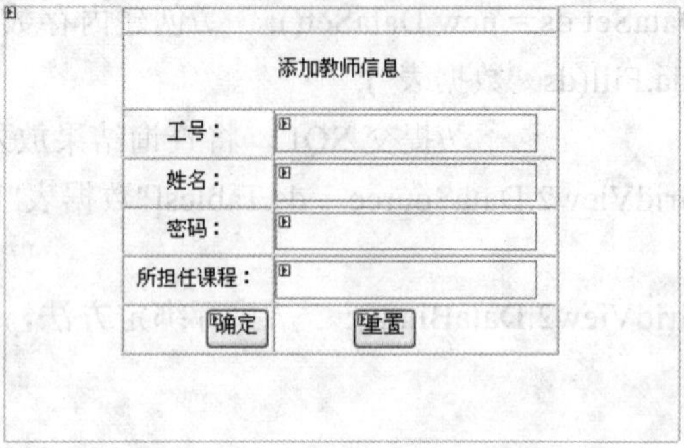

图 11-80 ATeacherAdd.aspx 页面布局

2. 编写事件代码

（1）"确定"单击按钮事件

```
protected void Button1_Click(object sender, EventArgs e)
{
        if (TextBox1.Text == "" || TextBox2.Text == "" || TextBox3.Text == "" || TextBox4.Text == "")
        {
            MessageBox.Show("请将信息填写完整");
            return;
        }
        else
        {
            string str = "insert into tb_Teacher (TeacherNum,TeacherName,TeacherPwd,TeacherCourse) values('" + TextBox1.Text.Trim() + "','" + TextBox2.Text.Trim() + "','" + TextBox3.Text.Trim() + "'+," + TextBox4.Text.Trim() + "')";
            BaseClass.OperateData(str);
            Button2_Click(sender, e);
        }
}
```

（2）"重置"单击按钮事件

```
protected void Button2_Click(object sender, EventArgs e)
{
        TextBox1.Text = "";
        TextBox2.Text = "";
        TextBox3.Text = "";
        TextBox4.Text = "";
}
```

3. 运行结果

启动 Login.aspx,在导航栏中选择添加教师信息项,在页面上可添加教师信息,运行结果如图 11-81 所示。

图 11-81　添加教师信息页面运行结果

11.8.7　考试科目信息页面 ASubjectInfo.aspx

网页功能:该页面主要用于显示考试科目信息,并对基本信息进行查询、修改和删除。该页面加载时,将显示数据库中检索到的所有考试科目信息。可按课程编号和课程名称两种方式查询科目基本信息。显示的信息包括课程编号、课程名称、考试时间、任课教师。

1. 页面布局

ASubjectInfo.aspx.cs 需要引用的命名空间如下:

using System.Data.SqlClient;

using System.Windows.Forms;

(1)在 Admin 文件夹下建立 ASubjectInfo.aspx 页面。

(2)添加一个 Panel 控件,在 Panel 控件中添加:

2 个 Label 控件、1 个 TextBox 控件、1 个 DropDownList 控件、1 个 Button 控件、1 个 GridView 控件。

(3)配置 GridView1 数据源,并编辑列,如图 11-82 所示。

图 11-82　ASubjectInfo.aspx 页面布局

选择自动套用格式。用 GridView1 的智能标签配置数据源,显示数据表 tb_Lesson 中的记录。

（4）添加 GridView2 控件

功能：绑定 GridView2 控件，显示查询到的考试科目基本信息。

2. 编写事件代码

"查询"按钮单击事件代码如下：

```csharp
protected void Button1_Click(object sender, EventArgs e)
{
    string strsql;
    if (TextBox1.Text == "")
        strsql = "select * from tb_Lesson";
    else
    {
        string type = DropDownList1.SelectedItem.Text;
        strsql = "";
        if (type == "课程编号")
        {
            strsql = "select LessonID 课程编号,LessonName 课程名称,LessonDatetime 考试时间,LessonTeacher 任课教师 from tb_Lesson where LessonID like '%" + TextBox1.Text.Trim() + "%'";
            GridView1.Visible = false;
            SqlConnection conn = BaseClass.DBCon();
            conn.Open();
            SqlCommand com = new SqlCommand();
            com.Connection = conn;
            com.CommandText = strsql;
            SqlDataReader sdr = com.ExecuteReader();
            if (!sdr.Read())
                MessageBox.Show("查无此考试课程！");
            conn.Close();
            SqlDataAdapter sda = new SqlDataAdapter(strsql, conn);
                                        //创建 SqlDataAdapter 对象
            DataSet ds = new DataSet();     //创建内存数据集对象
            sda.Fill(ds, "数据表");
                        //提交 SQL，将查询结果放入 ds（内存数据对象）中
            GridView2.DataSource = ds.Tables["数据表"].DefaultView;
                                        //将查询结果作为数据源
            GridView2.DataBind();   //执行绑定方法，在 GridView 上显示数据
        }
```

```csharp
else
{
    strsql = "select LessonID 课程编号,LessonName 课程名称,LessonDatetime 考试时间,LessonTeacher 任课教师 from tb_Lesson where LessonName like '%" + TextBox1.Text.Trim() + "%'";
    GridView1.Visible = false;
    SqlConnection conn = BaseClass.DBCon();
    conn.Open();
    SqlCommand com = new SqlCommand();
    com.Connection = conn;
    com.CommandText = strsql;
    SqlDataReader sdr = com.ExecuteReader();
    if (!sdr.Read())
        MessageBox.Show("查无此考试课程！");
    conn.Close();
    SqlDataAdapter sda = new SqlDataAdapter(strsql, conn);
                            //创建 SqlDataAdapter 对象
    DataSet ds = new DataSet();    //创建内存数据集对象
    sda.Fill(ds, "数据表");
                //提交 SQL，将查询结果放入 ds（内存数据对象）中
    GridView2.DataSource = ds.Tables["数据表"].DefaultView;
                                //将查询结果作为数据源
    GridView2.DataBind();    //执行绑定方法，在 GridView 上显示数据
}
}
}
```

3. ASubjectInfo.aspx 页面运行结果（图 11-83）

图 11-83　显示考试科目基本信息

4. 在 ASubjectInfo.aspx 页面进行查询，结果如图 11-84 所示。

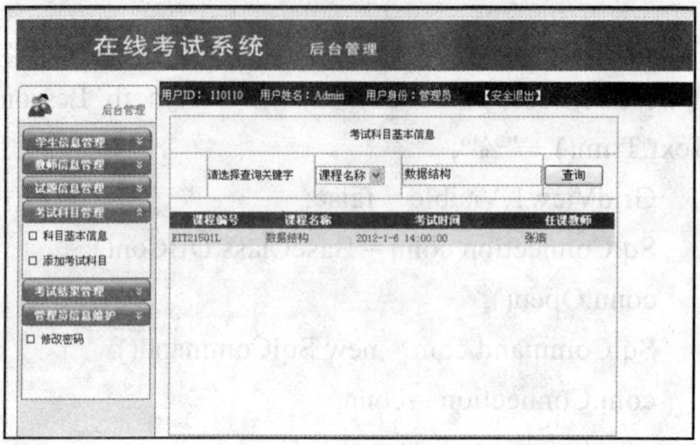

图 11-84　查询考试科目

11.8.8　添加考试科目页面 ASubjectAdd.aspx

网页功能：该页面加载时，主要用于添加考试科目。

1. 页面布局

（1）在 Admin 文件夹下建立 ASubjectAdd.aspx 页面。

（2）添加一个 Panel 控件，在 Panel 控件中是一个 7 行 2 列的表格。在表格中添加 5 个 Label 控件、4 个 TextBox 控件、2 个 Button 控件。如图 11-85 所示。

图 11-85　添加考试科目页面布局

2. 编写事件代码

（1）"确定"按钮单击事件

```
protected void Button1_Click(object sender, EventArgs e)
{
        if (TextBox1.Text == "" || TextBox2.Text == "" || TextBox3.Text == "" || TextBox4.Text == "")
        {
```

```
            MessageBox.Show("请将信息填写完整");
            return;
        }
        else
        {
            string str = "insert into tb_Lesson (LessonID,LessonName,LessonDateTime,
LessonTeacher) values('" + TextBox1.Text.Trim() + "','" + TextBox2.Text.Trim() + "','" +
TextBox3.Text.Trim() + "','" + TextBox4.Text.Trim() + "')";
            BaseClass.OperateData(str);
            Button2_Click(sender, e);
        }
    }
```

（2）"重置"按钮单击事件

```
protected void Button2_Click(object sender, EventArgs e)
{
    TextBox1.Text = "";
    TextBox2.Text = "";
    TextBox3.Text = "";
    TextBox4.Text = "";
}
```

3. 启动 Login.aspx，选择添加考试科目页面，运行结果如图 11-86 所示。

图 11-86 "添加考试科目"页面运行结果

11.8.9 修改密码页面 AModifyPwd.aspx

该页面请参照修改学生或教师密码文件自行完成。

11.8.10 修改密码成功页面 AModifyOk.aspx

该页面请参照修改学生或教师密码文件自行完成。

11.9 系统关键技术

11.9.1 验证码技术

1. 验证码技术及其使用意义：

使用验证码可以防止利用机器人软件反复自动登录。登录模块中的验证码主要是通过 Random 类实现的，Random 类表示伪随机数生成器，是一种能够产生满足某些随机性统计要求的数字序列的设备。Random 类的最常用方法是 Random.Next 方法，通过调用此方法可返回一个指定范围内的随机数。

验证码一般由数字符号、大小写字母组成，其主要原因是用户可以动手输入。本章实例的验证码来自 Image 控件的 ImageUrl 属性值，该属性直接链接 Image.aspx 文件。页面自动执行 Image.aspx.cs 文件的 Page_Lode 事件。运行 Login.aspx 页面就会显示产生的验证码。

2. 验证码刷新问题解决方案

（1）安装文件 ASPAJAXExtSetup.msi，可从网上下载。

（2）工具箱中可以使用 ScriptManager、Updatepanel 控件。

（3）在指定位置先添加 ScriptManager 控件，再加入 Updatepanel 控件，最后加入 <ContentTemplate/>标签。

（4）在 Updatepanel 中加入 ImageButton，ImageUrl 属性值链接 Image.aspx 文件（产生验证码的文件）和 LinkButton，在 text 属性位置写："看不清？换一个验证码"。

3. 验证码带干扰问题解决方案

```
Pen pen1 = new Pen(Color.Gray, 0);
for (int i = 0; i < 2; i++)      //生成两条横向的干扰线
    {
        Point p1 = new Point(0, rand.Next(iHeight));            //定义起点
        Point p2 = new Point(iWidth, rand.Next(iHeight));       //定义终点
        g.DrawLine(pen1, p1, p2);         //绘制直线
    }
for (int i = 0; i < 4; i++)      //生成四条纵向的干扰线
    {
        Point p1 = new Point(rand.Next(iWidth), 0);             //定义起点
        Point p2 = new Point(rand.Next(iWidth), iHeight);       //定义终点
        g.DrawLine(pen2, p1, p2);         //绘制直线
    }
```

11.9.2 用 JavaScript 设计倒计时器

JavaScript 是一种脚本语言，用于开发基于客户端和基于服务器的 Web 应用程序。JavaScript 是 Web 增强型技术，当在客户计算机上使用时，该语言有助于把静态页面转换为动态的、交互式、智能的动态页面。JavaScript 代码可以嵌入到 HTML 文档中，控制页面的内容和验证用户输入的数据。当页面显示在浏览器中时，浏览器将解释并执行 JavaScript 语句。JavaScript 的功能十分强大，可实现多种任务，如执行计算、检查表单、编写游戏、添加特殊效果、自定义图形选择、创建安全密码等，所有这些功能都有助于增强网页的动态效果和交互性。

以下是用 JavaScript 脚本语言完成的一个倒计时器设计。

```javascript
<script language="javascript">       //在 HTML 中嵌入 JavaScript 代码
    var sec=0,min=0,hou=0;       //定义变量用关键字 var，无需声明类型
        window.setTimeout("ls()",1000);       //在 1000 毫秒后执行 ls()函数
        function ls()
        {
            sec++;
            if(sec==60){sec=0;min+=1;}
            if(min==60){min=0;hou+=1;}
            document.getElementById("lbltime").innerText=min+"分"+sec+"秒";
                              //页面 id 为 lbltime 的元素文本为：min 分 sec 秒
            if(min==2)
            document.getElementById("btnsubmit").click();
                              //min 值为 2 时，执行页面 id 为 btnsubmit 的元素的 click()事件
            window.setTimeout("ls()",1000);       //在 1000 毫秒后执行 ls()函数
        }
</script>
```

11.10 实践活动

1. 将 BaseClass.cs 类文件中识别身份的三个方法改成一个方法，功能不变。可以改变参数。

2. 在 StartExam.aspx 页面的 Page_Load 事件中，为什么要有以下代码：
   if (Session["a"] == null)   Session["Rans"] = rans;
   为什么不用 if(!IsPostBack){ ……}控制页面的第一次加载呢？单击"交卷"按钮，Page_Load 事件会再次执行吗？结合 ExamResult.aspx 页面自行分析页面的抽取试题、获取标答和考生答案、统计考试成绩的过程。

3. 修改程序代码，使抽取的试题不能出现未发布的试题。（添加试题时可以选择不发布）

4. 添加功能，教师登录后可查看所任课程所有考生的成绩。